Verständliche Wissenschaft

Dreiundvierzigster Band

Die Wissenschaft von den Sternen

Von

W. Kruse

Berlin · Verlag von Julius Springer · 1939

Die Wissenschaft den Sternen

Ein Überblick
über Forschungsmethoden und -ergebnisse
der Fixsternastronomie

Von

Dr. W. Kruse

Observator der Hamburger Sternwarte
in Bergedorf

1. bis 5. Tausend

Mit 101 Abbildungen

Berlin · Verlag von Julius Springer · 1939

ISBN 978-3-642-89076-5   ISBN 978-3-642-90932-0 (eBook)
DOI 10.1007/978-3-642-90932-0

Vorwort.

Von den Sternen soll in diesem Buche die Rede sein, von den „unzählig“ vielen Sternen, die wir am nächtlichen Himmel sehen, und von noch viel mehr Sternen, die wir — ohne Hilfsmittel — nicht sehen.

Wir wollen und können dabei voraussetzen, daß der Leser dem Himmel nicht gegenübersteht wie seine Vorfahren vor einigen tausend Jahren oder seine Zeitgenossen im innersten Afrika, sondern durch den Schulunterricht, eigenes Beobachten und Nachdenken oder den neunten Band dieser Sammlung (C. A. Chant: Die Wunder des Weltalls) mit dem Anblick des Himmels und den Bewegungen, die daran zu beobachten sind, einigermaßen vertraut ist.

Der Leser weiß dann aber auch, daß es außer der Menge der Fixsterne, die jahraus, jahrein in unveränderlichen „Sternbildern“ verharren, auch noch Himmelskörper gibt, die vor diesem Hintergrund ihr sehr lebendiges und abwechslungsvolles Spiel vollführen. Von diesen Himmelskörpern: dem Mond, der um die Erde läuft, den Planeten und Kometen, die um die Sonne wandern, also von allem, was sozusagen zu unserer Familie gehört, wollen wir hier nicht sprechen. Wer darüber etwas erfahren möchte (und es gibt da sehr viel Wissenswertes!), der findet in dem erwähnten Band dieser Sammlung anschauliche Auskunft. Und auch von unserer schönen und unentbehrlichen Sonne werden wir nur sprechen, weil sie — einer von den Millionen Fixsternen im Weltraum ist.

Sicherlich taucht hier die Frage auf, was dann wohl noch übrigbleiben wird, um den Inhalt eines ganzen Buches abzugeben. Die Frage ist durchaus berechtigt, denn vor hundert

Jahren und auch noch vor fünfzig Jahren wäre nach Ausschluß der Sonne und des Sonnensystems nicht viel verblieben, worüber man längere Betrachtungen hätte anstellen können. Seitdem hat sich aber die Lage sehr verändert. Die großen Fernrohre, die in den letzten Jahrzehnten gebaut und auf den Himmel gerichtet worden sind, haben uns den Weg in die weiten Räume des Weltalls gebahnt, und gleichzeitig hat uns die Entwicklung der Physik die Möglichkeit gebracht, die Sprache des Lichts, in der wir alle Mitteilungen aus der Sternenwelt erhalten, zu verstehen. Dieser Ausbruch der astronomischen Forschung aus dem engeren Kreis der Sonnenfamilie in die Welt der Sterne ist sehr plötzlich und mit großer Wucht erfolgt. Heute ist der größte Teil der Astronomie Fixsternastronomie.

Bei dieser Lage muß es verlockend erscheinen, mit diesem großen neuen Wissensgebiet bekannt zu werden. Ist aber nicht bei einem Forschungszweig, der aus der modernsten naturwissenschaftlichen und technischen Entwicklung herausgewachsen ist, zu befürchten, daß die Erkenntnis sehr komplizierte und nur für den Fachmann verständliche Wege geht? Es ist zum Glück nicht so. Der Kern der Methoden, die zu den wichtigsten Erkenntnissen der Fixsternastronomie führen, ist meistens sehr verständlich und oft sogar überraschend einfach. Die wirkliche, praktische Durchführung dieser einfachen Leitgedanken ist allerdings gar nicht einfach, sondern setzt volle Vertrautheit mit dem heutigen Rüstzeug der Mathematik, der Physik und der praktischen Astronomie voraus. Wir wollen sie daher den Leuten „vom Bau" überlassen und nur gelegentlich einen Blick in ihre Werkstatt tun, wenn uns ihre Arbeit zu leicht zu erscheinen droht. So können wir aber getrost den Versuch wagen, der Fixsternforschung — sozusagen aus der Vogelschau — auf den Wegen zu ihren wunderbaren und manchmal wunderlichen Ergebnissen zu folgen. Wenn es uns dabei gelingt, mit den Wegen etwas vertrauter zu werden, dann werden uns die Ergebnisse vielleicht weniger verblüffend, aber beträchtlich glaubwürdiger erscheinen.

Das Ziel.

Der Eindruck, den der Sternenhimmel auf einen Menschen macht, der in die glückliche Lage kommt, seiner vollen Pracht ansichtig zu werden, kann nicht Gegenstand und auch nicht Ausgangspunkt unserer Betrachtungen sein. Wir müssen uns auf den nüchterneren Standpunkt des Astronomen stellen, der es ihm erlaubt, Fragen zu stellen und die Antworten, wenn sie sich nicht von selbst einstellen, mit dem geistigen und technischen Rüstzeug seiner Zeit „vom Himmel herunter" zu holen.

Was sehen wir nun, wenn wir mit solchen Absichten unter den dunklen Himmelsdom treten? Wir wollen annehmen, daß wir uns von dem Lichtmeer der Stadt frei machen und einen Platz aufsuchen können, der uns einen ungehinderten Blick auf den ganzen Himmel erlaubt. Über uns liegt tiefe, schwarze Finsternis, und aus dem Dunkel blitzen uns eine Menge, eine ganz gewaltig große Menge von Lichtern entgegen. Sie sind nicht alle gleich hell; man sieht auf den ersten Blick, daß es viel mehr schwächere als ganz helle gibt. Sie sind auch nicht sehr ordentlich aufgestellt, sie bilden aber doch an vielen Stellen Figuren, die dem Auge auffallen und gut zu behalten sind. Das sind die Sternbilder, die von alter Zeit her größtenteils die Namen von Menschen und Tieren tragen, die im Sagenkreis der Völker eine Rolle gespielt haben. Es gelingt uns heute meistens nicht mehr, die körperlichen Umrisse hinzuzudenken, und wir sehen deshalb die geometrischen Figuren, die zwar den Namen unverständlich lassen, aber von jedem erkannt werden können, als die Sternbilder an.

Wir haben soeben eine wichtige Erfahrung benutzt, ohne uns von ihrer Bedeutung Rechenschaft zu geben! Wenn wir in der Lage sind, die Sterne zu Bildern zusammenzufassen und diese Anordnungen im Gedächtnis zu behalten, dann müssen sie doch wohl immer so vorhanden sein oder wiederkehren. Es ist auch so. Nacht für Nacht, Jahr für Jahr sehen wir dieselben Figuren am Himmel, und sie sind heute noch so, wie sie vor Jahrhunderten beschrieben worden sind. Und doch stehen die Sterne nicht still. Wenn wir uns etwas Zeit lassen, stellen wir schon nach kurzer Zeit fest, daß im Osten neue erscheinen und andere im Westen verschwinden, daß es ganz so aussieht, als drehe sich eine schwarze, mit leuchtenden Punkten besetzte Kugel um eine Achse, die durch einen allgemein bekannten Punkt, den Polarstern, geht. Wir wollen bei dieser Auffassung, die als wirkliche Meinung über die Natur des Himmels eine lange Lebensdauer hinter sich hat, nicht verweilen. Es war ein weiter und beschwerlicher Weg, den der Menschengeist gehen mußte, bis er erkannte, daß die Erde ein lustiges Karussell ist, das uns unsere Umgebung in dauerndem Wechsel zu Gesicht bringt. Wer den Weg zu dieser und anderen grundlegenden Erkenntnissen mit allen ihren wichtigen Folgen noch einmal gehen möchte, lese den ersten Teil des schon angeführten Chantschen Buches. Hier wollen wir annehmen, daß wir uns am Ende dieses Weges getroffen haben. Wir wissen also, daß der Himmel kein Planetarium ist, sondern nur so aussieht. Statt auf eine uns einschließende Kugelschale sehen wir in einen unermeßlich weiten dunklen Raum, in dem die Sterne nebeneinander und *hintereinander* als Leuchtfeuer aufgestellt sind. Unsere Erde schwebt in diesem nach allen Richtungen unendlichen Raum, und überall in diesem Raum schweben leuchtende Sterne, so daß wir, wenn wir einen Augenblick den Raum vergessen, ein mit Lichtern besetztes Himmelsgewölbe erblicken. Wir sind gar nicht einmal auf unsere Phantasie angewiesen, um den Anblick des Himmels deuten zu können, wir können uns dabei auf irdische und ganz geläufige Erfahrungen stützen. Seitdem nicht nur die Städte, sondern auch die Dörfer und Bauernhöfe und viele Landstraßen mit elektrischer Beleuchtung ausgerüstet sind, kann man in einer dicht besiedelten ländlichen Gegend von einem Berge oder Hügel aus einen Eindruck gewinnen, der mit dem des Himmels große Ähnlichkeit hat. Auch in diesem Falle sehen wir, eingebettet in das Dunkel, ein Netz von leuchtenden Punkten. Aber hier kommen wir gar nicht darauf, uns eine mit Lichtern besetzte Wand vorzustellen, weil wir wissen, was die Lichter bedeuten und wie sie angeordnet sind.

VIII

Den Sternen gegenüber können wir uns so sicheren Wissens nicht rühmen. Was sie sind und bedeuten? Nun, wir können uns eine plausible Meinung darüber verschaffen. Über unsere Sonne wissen wir allerlei. Daß sie rund ist wie ein Teller, kann jeder sehen. Wir halten sie aber nicht für einen Teller, sondern für eine Kugel, die wie die Erdkugel im Raume schwebt. Wenn wir die Flecke, die von Zeit zu Zeit auf ihr sichtbar sind, verfolgen, können wir sogar sehen, daß sich die Sonnenkugel wie die Erdkugel dreht. Von der Erde aus sehen wir die Sonnenkugel als eine ziemlich große Scheibe. Wenn wir aber die Möglichkeit hätten, uns weiter von ihr zu entfernen, so würde die Scheibe immer kleiner werden und schließlich zu einem Punkte zusammenschrumpfen, zu einem *leuchtenden* Punkte: die Sonne würde uns als Stern erscheinen! Daß das so sein würde, können wir auch jederzeit in unserer gewöhnlichen Umgebung probieren: alle die elektrischen Lampen, die doch in unserer Hand fühlbare Kugeln sind, werden zu leuchtenden Punkten, wenn wir sie in einer Entfernung von einigen Kilometern leuchten sehen. Wir haben also Grund genug zu der Vorstellung, daß die Sterne leuchtende Kugeln sind. Ganz handgreiflich zeigen können wir das allerdings einem Zweifler nicht. Bei einem leuchtenden Punkt in der Landschaft genügt ein anständiges Fernglas, um ihn als Glühbirne zu entlarven. Bei den Sternen reichen die größten Fernrohre nicht aus, sie bleiben Punkte.

Der Himmel als Weltraum, in dem die Sterne schweben — sollte eine solche Vorstellung nicht unsere Neugier reizen? Sie bringt eine Flut von Fragen mit sich! Wir können uns natürlich nicht damit zufrieden geben, daß die Sterne im Raume schweben; wir möchten auch wissen, *wo* sie sich befinden, wie weit sie von uns entfernt sind, ob es überall im Weltraum Sterne gibt, und ob in allen Gegenden des Raumes gleich viele vorhanden sind. Und sollten wir das alles erfahren, so werden wir weiter fragen, ob denn die Sterne immer an ihren Plätzen bleiben, wie das nach dem unveränderlichen Aussehen des Himmels scheinen könnte, oder ob sie vielleicht doch in Bewegung sind, wie wir das von unserer Erde, dem Monde und den übrigen Mitgliedern des Sonnensystems kennen. Gibt es vielleicht Zusammenhänge und Beziehungen zwischen diesen leuchtenden Kugeln? Wir wissen auch noch gar nichts über die Größe dieser Sternkugeln, auch nicht, woraus sie bestehen. Und daß sie Licht aussenden, ist auch nicht gerade selbstverständlich!

Auf alle diese Fragen möchten wir eine Antwort haben, und auf dem Wege dahin werden sich immer neue Fragen einstellen. Als letzte und schwerste wird die Frage nach dem Woher und Wohin auftauchen, auf die wir stoßen, aus welcher Richtung wir auch kommen mögen.

Was uns als Ziel vorschwebt, haben wir umrissen. Nun wollen wir uns danach umsehen, welche Mittel uns für unser Unternehmen zur Verfügung stehen, und was damit bisher erreicht worden ist.

Inhaltsverzeichnis.

Erster Teil.

Wege zu den Sternen.

	Seite
Die Weltsprache	1
Das Fernrohr	3
Rundblick und Ausblick	12
I. Die Richtung (Der Ort am Himmel)	15
Wie können wir die Sterne unterscheiden?	15
Die Astronomen legen die Örter der Sterne fest	18
Millionen von Sternen sind in Katalogen und auf Karten verzeichnet	20
Auch der Astronom ist unvollkommen	22
Die Fixsterne stehen gar nicht fest	24
Die kleinen Eigenbewegungen lassen auf große Entfernungen schließen	27
Die Entfernungen der Sterne	29
Landmesserei auf der Erde und im Weltraum	31
Ein passenderes Maß: das Lichtjahr	33
Die hellsten Sterne sind nicht die nächsten	34
Natürliche Grenzen	35
Erfahrungen des täglichen Lebens	37
Wir suchen und finden ähnliche Erscheinungen am Himmel	39
Doppelsterne	42
Wir können die Sterne mit unserer Sonne vergleichen	44
II. Die Helligkeit	45
Helligkeitsunterschiede	45
Stern„größen“	47
Helligkeitsmessungen am Fernrohr	49
Augen, die besser sehen als die natürlichen	51
Photographische Helligkeitsmessungen	52
Es gibt verschiedenartige Helligkeiten	53
Ist das Licht der Sterne farbig?	55
Endgültige Klärung des Begriffs „Helligkeit“	56
Ein kühner Versuch: die „Wärme“ der Sterne mit dem Thermometer zu messen	59
Veränderliche Sterne	64
Blinksterne als Meilensteine im Weltraum	66

XI

Seite

Die Helligkeit ist also doch ein Maß der Entfernung 69
Sonnenfinsternisse, aus weiter Ferne gesehen 71
Verborgene Ursachen 73
Neue Sterne 73

III. Die Farbe (Das Spektrum) 76
Sternfarben 78
Was bedeuten die Farben der Sterne? 78
Das kontinuierliche Spektrum 80
Wellen im Strahlungsstrom 83
Stärke und Art der Strahlung folgen der Temperatur 84
Wir können jetzt die Temperatur der Sterne bestimmen 86
Auch über die Größe der Sterne erfahren wir etwas 89
Lücken im Spektrum 90
Die Linienspektren der chemischen Elemente 91
Die Entstehung der dunklen Linien 94
Das Sonnenspektrum verrät uns mancherlei über die Sonne . . . 96
Eisengas in der Sonnenatmosphäre 98
Die Sonne eine Gaskugel? 99
Das Innere der Sterne 100
Theorie und Beobachtung im Wechselspiel 103
Verschiedene Sorten von Sternen 105
Die nächsten Sterne 109
Die hellsten Sterne. Riesen und Zwerge 110
Entfernung aus dem Spektrum 111
Normale und seltenere Sterne 112
Die große Frage: Woher stammt die aus den Sternen strömende
  Energie? 113
Wir haben noch nicht alles aus den Spektren herausgelesen . . . 115
Bewegung ändert die „Tonhöhe" beim Schall und beim Licht . 116
Doppelsterne, die man nie doppelt sehen wird 118
Radialgeschwindigkeit, Eigenbewegung, wirkliche Bewegung . . . 121
Langsame und schnelle Sterne 123
Bewegungen in und auf den Sternen 123

Zweiter Teil.

Die Welt der Sterne.

I. Unsere Weltinsel 127
Ein Weltmodell 128
Vorstoß ins Weite 131
Auf Umwegen zum Ziel 132
Das große Hindernis: die Absorption des Lichts im Weltraum . . 136
Staubwolken im Sternsystem 138
Die Sternhaufen 142

Seite

Genaueres über die Wirkung der Absorption 145
Das Sternsystem 147
Die Bewegungen im Sternsystem: regellos oder geordnet? . . . 152
Wir vermuten eine Drehung des ganzen Systems 153
Wir ahnen die Fülle des Geschehens in der Welt der Sterne . . 157

II. Die große Welt 159
Die Spiralnebel sind Sternsysteme 162
Hundert Millionen Milchstraßen? 163
Die Entfernungen der Spiralnebel 165
Unsere Stellung in der Welt der Sternsysteme 168
Der spiralige Bau der Sternsysteme 171
Ein merkwürdiger Zusammenhang 172
Das Rätsel Welt 174

Nachwort 177
Sachverzeichnis 179

Die folgenden Abbildungen sind aus anderen Werken
entlehnt:

Abb. 12, 41, 47, 49, 73, 74, 82, 85, 92, 93, 94, 95, 96
aus Handbuch der Astrophysik (Springer).

Abb. 59 aus Strömgren, Lehrbuch der Astronomie (Springer).

Abb. 52, 55, 56 aus Westphal, Physik (Springer).

Abb. 57 aus Berliner, Lehrbuch der Physik (Springer).

Abb. 8 aus Graff, Grundriß der Astrophysik (Teubner).

Abb. 19 aus Wolf, Stereoskopbilder vom Himmel (Barth).

XIII

Erster Teil

Wege zu den Sternen.

Die Weltsprache.

Es ist vielleicht reichlich kühn, was wir uns da vorgenommen haben! Wir sind uns bewußt, daß wir mit unserer kleinen Erde in einem sehr großen Weltall schweben, und daß wir keine Möglichkeit haben, unseren Standpunkt zu verlassen. Und doch haben wir vor, über seine fernsten Teile alles das auszukundschaften, was wir über die Dinge unserer Nachbarschaft wissen. Unsere Kühnheit wird uns noch absonderlicher erscheinen, wenn wir uns ganz klar machen, wie schmal die Brücke ist, die von uns zu den Sternen führt. Wenn wir alle unsere erworbenen Vorstellungen und unsere Einbildungskraft beiseite lassen und uns in dieser Verfassung unter den Himmel stellen: was sehen wir eigentlich? Daß aus gewissen Richtungen Licht in unsere Augen fällt, das ist alles. Daß es von fernen Weltkörpern herkommt, wollen wir hinzudenken, um uns besser ausdrücken zu können. Das Licht ist die einzige Verbindung, die zwischen den Sternen und uns besteht. Wenn wir irgend etwas über die Sterne erfahren können, muß es aus ihrem Licht herauszulesen sein. Es erscheint vielleicht auf den ersten Blick nicht sehr aussichtsvoll, nur durch dieses eine Mittel soviel erfahren zu wollen. Glücklicherweise ist aber das Licht eine sehr reiche Sprache, und je besser es uns gelingt, in die Feinheiten dieser Sprache der Natur einzudringen, desto umfassender werden unsere Kenntnisse über Dinge, Zustände und Vorgänge in sonst unerreichbaren Fernen werden.

Das, was man die gewöhnliche Umgangssprache nennen könnte, ist uns aus unserer alltäglichen Erfahrung sehr geläufig. Es ist uns selbstverständlich, daß wir eine Glühbirne, die mitten im Zimmer hängt, von allen Seiten her und auch von oben oder unten sehen können, wenn sie nicht irgendwo durch einen Schirm verdeckt wird. Das Licht strömt also von der Birne aus nach allen Seiten durch den Raum. Daß es sich durch geradlinige Strahlen ausbreitet, können wir leicht feststellen, indem wir einen Bleistift auf den Tisch stellen und seinen Schatten betrachten. Daß der Eindruck, den wir empfangen, schwächer wird, wenn wir uns weiter von der Lichtquelle entfernen, fällt uns im Zimmer nicht so sehr auf. Es ist uns aber trotzdem nicht zweifelhaft, da wir ja wissen, daß eine Straßenlaterne, die zehn Minuten von uns entfernt ist,

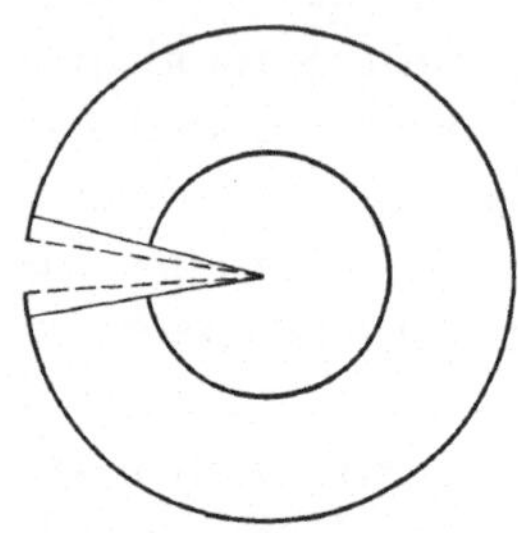

Abb. 1. Ausbreitung des Lichts.

nicht so hell erscheint wie die Laterne, die vor unserem Hause steht. Wenn wir uns etwas mehr Mühe damit machen wollten, so könnten wir auch feststellen, wieviel schwächer sie erscheint. Wir können das aber leichter durch eine kleine Überlegung erreichen (Abb. 1), die uns lehrt, daß durch eine gleich große Öffnung, z. B. ein Loch in schwarzem Papier, im doppelten Abstande von der Lichtquelle nur ein Viertel der Lichtmenge geht. Wir laufen nun gewöhnlich nicht mit einem schwarzen Papier vor den Augen herum. Wir haben das aber auch nicht nötig, da wir sowieso durch ein Loch in die Welt sehen: durch unsere Pupillen. Wenn wir also dieselbe Lampe zuerst aus 10, dann aus 100 m Entfernung ansehen, so geht durch unsere Pupille im zweiten Falle nur der $10 \times 10. = 100$. Teil des Lichts, das im ersten Falle zur Geltung kam. So ganz genau stimmt das bei der Pupille allerdings nicht, weil sie sich automatisch vergrößert oder verkleinert, je nachdem, ob schwaches oder helles Licht in das Auge fällt. Ganz genau stimmt es aber bei unseren Fernrohren, weil deren Pupille sich nicht von selbst verändert. Wenn wir also mit demselben Fernrohr zwei an und für sich gleich helle Sterne betrachten, von denen der eine doppelt so weit entfernt ist wie der andere, so wird der nähere $2 \times 2 = 4$mal soviel Licht in unser Fernrohr schicken. Von diesem einfachen Gesetz der Lichtausbreitung werden wir noch ausgiebig Gebrauch machen.

Das Fernrohr.

Daß wir zur Betrachtung des Himmels Fernrohre verwenden, beruht nicht gerade auf der Eigenschaft, die uns eben zufällig auf sie geführt hat; mit der Pupille hat es aber auch etwas zu tun, wie wir noch sehen werden. Vorweg müssen wir aber eine Ansicht berichtigen, die sich mit dem Begriff Fernrohr einzufinden pflegt. Mancher wird die Verwendung von Fernrohren für selbstverständlich halten, weil man ja mit ihnen alles *größer* sieht. Diese Meinung ist nicht falsch, aber sie trifft nicht den Kern der Sache.

Was machen wir denn gewöhnlich, wenn wir einen Gegenstand genauer sehen wollen? Wir gehen mit unserem Auge näher an ihn heran (Abb. 2),

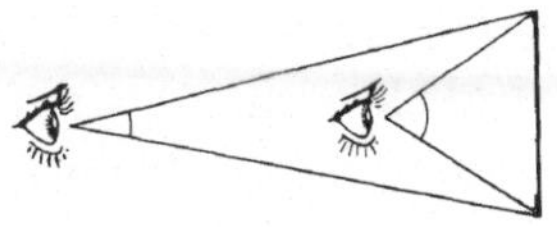

Abb. 2. Wir sehen uns einen Gegenstand genauer an.

um ihn unter einem größeren Winkel zu sehen und damit zu erreichen, daß sich sein Bild im Auge über möglichst viele Zäpfchen oder Stäbchen erstreckt. Das können wir aber nicht beliebig weit fortsetzen.

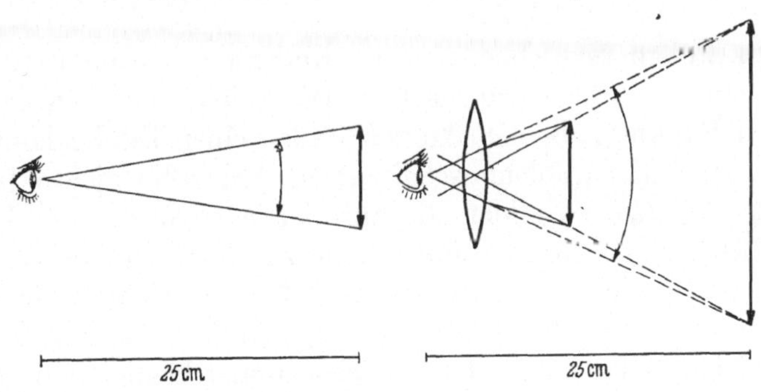

Abb. 3. Linse als Lupe.

Wenn wir näher herangehen, als die „deutliche Sehweite" angibt (etwa 25 cm), sind wir bald nicht mehr in der Lage, scharf zu sehen. Wir helfen uns dann durch eine *Lupe*, ein Vergrößerungsglas, das, wenn wir es richtig halten, die in Abb. 3 beschriebene Wirkung hat. Die Linse bringt es zuwege, daß wir nicht den kleinen Gegenstand, sondern ein (in

Wirklichkeit nicht einmal vorhandenes) vergrößertes Bild sehen, das obendrein für unser Auge passend liegt.

Was nützt uns das aber bei den Sternen? Bei ihnen liegt die ganze Schwierigkeit doch gerade darin, daß wir ihnen nicht näherrücken können! Nun, wenn das nicht geht — vielleicht ist es möglich, die Sterne heranzuholen? Diesem Zwecke dient das Fernrohr. Sein Kernstück ist ebenfalls eine Sammellinse, in wirklichen Fernrohren ein System von mindestens zwei, häufig auch drei oder noch mehr Linsen, die zusammen wie eine ideale Sammellinse wirken. Von Gegenständen, die weit genug entfernt sind, entwirft eine solche Linse Bilder, die wirklich vorhanden sind, „reelle" Bilder. Jede photographische Kamera ist ein kleines Fernrohr; das reelle Bild wird auf der photographischen Platte aufgefangen, und beim Einstellen betrachten wir es auf der Mattscheibe.

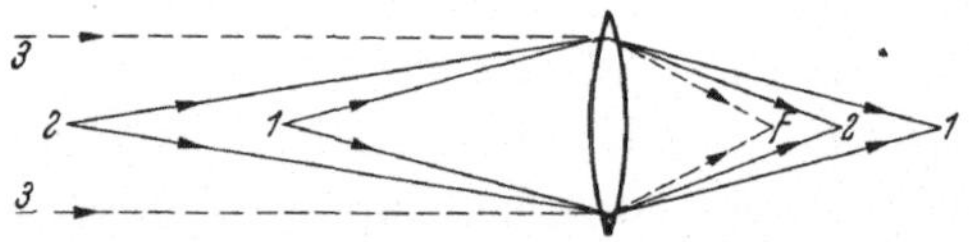

Abb. 4. Linse als Fernrohrobjektiv: Abbildung von Punkten in der Achse.

Wir wollen versuchen, uns die Bilderzeugung im Fernrohr noch etwas deutlicher zu machen. Wenn wir von einem leuchtenden Punkte, z. B. dem kurzen Faden einer Taschenlampenbirne, ein Lichtstrahlenbüschel auf ein Fernrohrobjektiv fallen lassen (Abb. 4), so bilden die Strahlen auch hinter der Linse ein Büschel, das sich an einer Stelle zu einem Punkte verengt und dann wieder auseinandergeht. Auf einem Blatt Papier, das wir dicht hinter der Linse in das Lichtbüschel halten, erscheint ein heller Kreis, der zunächst immer kleiner und heller wird, je weiter wir von der Linse abrücken. An einer Stelle schrumpft der Kreis zu einem besonders hellen Punkte zusammen, dahinter wird er wieder größer und matter. In der Spitze des Strahlenkegels wird der leuchtende Punkt auch als Punkt abgebildet, und da jeder Punkt eines wirklichen Gegenstandes an dieser Stelle als Punkt abgebildet wird, wird hier der Gegenstand Punkt für Punkt nachgezeichnet: hier entsteht ein wirkliches Bild des Gegenstandes.

4

Wir wollen der Einfachheit halber den einzelnen leuchtenden Punkt im Auge behalten. Wo sein Bild entsteht, hängt von der Lage des Lichtpunktes vor der Linse ab. Je weiter er in die Ferne rückt, desto näher rückt das Bild an den Punkt F heran, in dem sich alle Strahlen vereinigen, die von einem „unendlich" weit entfernten Punkte herkommen. Warum dieser Punkt F der Brennpunkt der Linse heißt, merkt man, wenn man ihn mit Hilfe von Sonnenstrahlen feststellt. In diesem Abstand entsteht das Bild auch, wenn die Strahlen nicht parallel zur Achse des Fernrohrs, sondern schräg einfallen (Abb. 5), der Bildpunkt liegt dann aber nicht in der Achse, sondern da, wo der durch die Mitte gehende Strahl, der keine Brechung erleidet, die Brennebene durchstößt. Es ist leicht zu sehen, daß der Abstand des Bildpunktes von der

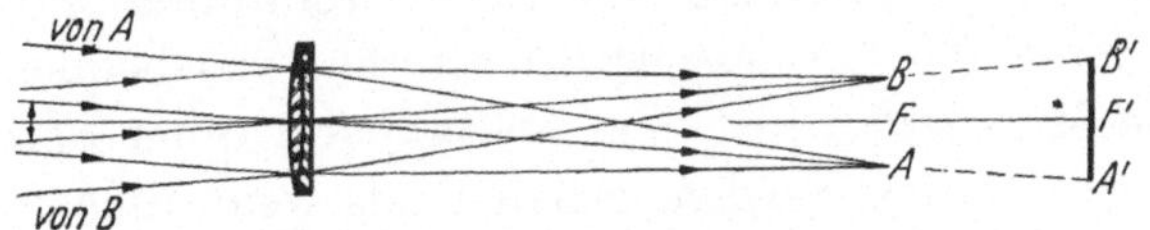

Abb. 5. Linse als Fernrohrobjektiv: Abbildung seitlich liegender Punkte.

Achse von dem Winkel abhängt, den die einfallenden Strahlen gegen die Achse bilden. Nehmen wir einen Winkel von 3° an, so würde sich bei einer Brennweite von 2 m ein Abstand von 10 cm ergeben. Einen solchen Abstand hätten also auch die Bilder zweier Sterne, die am Himmel 3° voneinander entfernt sind. Dieselbe Betrachtung bleibt aber auch gültig, wenn wir uns als Gegenstandspunkte je einen Punkt am oberen und unteren Rand des Mondes aussuchen. Der Winkel, unter dem uns die Mondscheibe erscheint, beträgt 1/2°, das Mondbild in unserem 2 m-Fernrohr hat dementsprechend einen Durchmesser von 18 mm. Ein Fernrohr von 20 m Brennweite (die Brennweite hängt von der Krümmung der Linsenflächen ab) liefert ein Mondbild von 18 cm Durchmesser, also ein recht stattliches Bild. Aber wir müssen gestehen, daß auch in solchem Falle das Mondbild sehr viel kleiner ist als der Mond selbst, von einer „Vergrößerung" durch das Fernrohr also nichts zu merken ist. Das 18 cm-Bild macht uns aber doch stutzig: es sieht größer aus als der natürliche Mond. Um

5

unser Mißverständnis aufzuklären, brauchen wir uns auch nur an unsere frühere Feststellung zu erinnern, daß es auf den Winkel ankommt, unter dem wir etwas sehen. Wenn wir unser großes (photographisches) Mondbild aus der üblichen Entfernung von 25 cm betrachten, erscheint es uns unter einem Winkel von 40°, also 80mal so groß wie der natürliche Mond, und selbst das Mondbild des 2 m-Fernrohrs ist in diesem Sinne noch 8mal so groß wie der Mond am Himmel. Bei genauerem Überlegen können wir hier erkennen, worin die eigentliche Bedeutung des Fernrohrs besteht: das reelle Bild ersetzt den Gegenstand! Das photographische Bild kann man, da man es „schwarz auf weiß besitzt, getrost nach Hause tragen". Man kann es mit einer Lupe aus größter Nähe betrachten (noch besser mit einem Mikroskop). Man kann auch mit einem Maßstab die Lage bestimmter Punkte des Bildes zueinander vermessen; das ist sehr viel bequemer und, wenn die Messungen in einem Meßapparat unter dem Mikroskop vorgenommen werden, genauer, als wenn man mit einem Winkelmeßinstrument am Himmel Messungen anstellt. Aber auch, wenn wir das Bild nicht photographisch auffangen, können wir das alles machen. Wenn wir uns hinter dem Brennpunkt aufstellen, wo das Strahlenbüschel wieder auseinanderfließt, sehen wir das Bild (z. B. das Mondbild) genau so, als hätten wir es auf einer photographischen Platte vor uns. Und wir können auch hier, mit einer Lupe bewaffnet, näher heranrücken, um es größer zu sehen. Wenn wir die Lupe (oder auch hier ein System von mehreren Linsen) als „Okular" dicht hinter dem Brennpunkt einbauen, dann ist damit auch das gewöhnliche „visuelle" Fernrohr abgeschlossen. Wir können es vervollständigen, indem wir in der Brennebene eine Meßeinrichtung anbringen, mit der sich an den Bildern ebensolche Messungen vornehmen lassen wie auf der photographischen Platte (Mikrometer).

Im Enderfolg geben uns die Fernrohre also tatsächlich die Möglichkeit, ferne Gegenstände größer und genauer zu sehen. Sonne und Mond sieht man im Fernrohr bedeutend größer als mit dem bloßen Auge, und die Planeten, die sich für das bloße Auge nicht von den Fixsternen unterscheiden, werden im Fernrohr zu deutlich erkennbaren Scheiben. Wenn wir aber nach diesen Erfolgen hoffnungsvoll unser Rohr auf einen hellen Fixstern richten, erwartet uns eine schlimme Enttäuschung: Der Fixstern ist auch im Fernrohr nur ein leuchtender Punkt, und wie stark wir auch die Okularlupe wählen, er wird nicht größer. Warum das so ist, ist nicht schwer einzusehen. Das reelle Bild, das die Objektivlinse des Fernrohrs entwirft, fällt um so kleiner aus, je weiter der Gegenstand entfernt ist, und bei sehr großer Entfernung schrumpft es zu einem Punkt zusammen, aus dem selbst das stärkste Okular keine Fläche mehr machen kann. Bei den Fixsternen gewinnen wir also, wie es scheint, nur die wertvolle Erkenntnis, daß sie, wenn sie Körper von der Größe des Mondes, der Planeten oder gar der Sonne sind, außerordentlich weit entfernt sein müssen.

Wir gewinnen aber auch sonst noch sehr viel durch den Gebrauch von Fernrohren. Ein Versuch wird uns zeigen, in welcher Hinsicht. Wir holen uns ein Blatt undurchsichtiges Papier und stechen eine Reihe von Löchern hinein. Das kleinste soll etwa so groß sein wie ein Stecknadelkopf, das größte wie ein 5 Pfennig-Stück. Wir halten das Blatt dicht vor unser Auge und sehen der Reihe nach durch die Löcher nach einer Glühbirne. Die Birne erscheint dabei ganz verschieden hell. Durch das kleinste Loch erscheint sie am wenigsten hell, und mit der Größe des Loches steigt die Helligkeit, natürlich deswegen, weil durch das größere Loch mehr Licht in unser Auge kommt. Leider müssen wir feststellen, daß die letzten Löcher uns keinen Gewinn mehr bringen; von einer bestimmten Lochgröße ab wird die Lampe nicht mehr heller. Man kann leicht herausbekommen, daß das die Größe unserer eigenen Pupille ist; mehr, als diese durchläßt, kann nicht im Auge zur Wirksamkeit kommen.

Wir übersehen leicht, daß wir uns bei den Sternen, denen wir ja nicht näherrücken können, mit dem natürlichen Eindruck abfinden müßten, wenn nicht die Linsen die Fähigkeit hätten, reelle Bilder zu erzeugen. Dadurch, daß wir mit unserer Pupille ganz dicht an den Bildpunkt herangehen können, in dem das ganze durch das Objektiv aufgenommene Licht ver-

einigt wird, wird es möglich, eine so viel größere Lichtmenge
in unser Auge zu bringen (Abb. 6). Soviel mal größer die
Öffnung des Fernrohrs ist, soviel mal heller sehen wir die
Sterne. Für die Sterne, die wir schon mit dem bloßen Auge
sehen, wäre das nicht von so großer Bedeutung. Bei der Be-
nutzung von Fernrohren merken wir aber bald, daß es auch noch
Sterne gibt, und zwar sehr viele, deren Licht so schwach ist,
daß das dünne Lichtbündel, das natürlicherweise durch unsere
Pupille geht, nicht ausreicht, einen Eindruck hervorzurufen.
Um alle diese uns sonst verborgenen Sterne sichtbar zu machen,
bauen wir immer größere Fernrohre, d. h. Fernrohre mit
möglichst großer Öff-
nung. Bei diesem
Rennen um Licht sind
die Spiegelteleskope
im Vorteil gegenüber
den Linsenfernroh-
ren. Wir können näm-
lich alles, was wir
bisher mit Linsen ge-

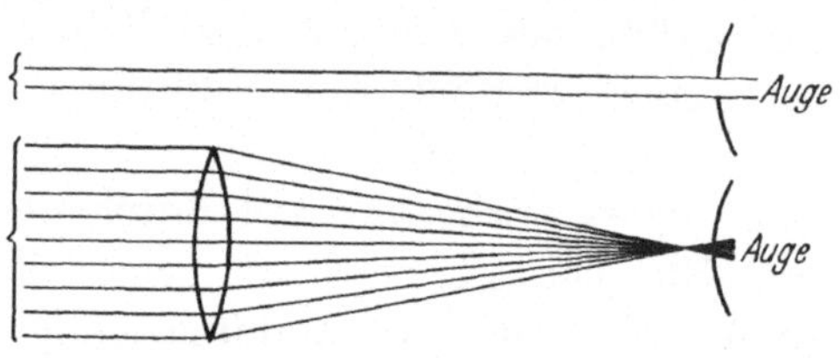

Abb. 6. Das Objektiv als Licht„greifer".

macht haben, auch mit Hohlspiegeln erreichen. Dementsprechend
gibt es nebeneinander die beiden Grundtypen des astronomischen Fernrohrs: den Refraktor (Linsen, die die Strahlen
brechen) und den Reflektor (Spiegel, die die Strahlen zurück-
werfen). Die eine Fläche, auf der die ganze Wirksamkeit des
Reflektors beruht, ist in solcher Größe leichter herzustellen als
die mindestens 4 Linsenflächen der großen Refraktoren, und
das Glas braucht nicht so einheitlich und schlierenfrei zu sein,
da es ja nur auf die spiegelnde Oberfläche ankommt. Es gibt
deshalb Spiegel von 2½ und bald auch von 5 m Durchmesser (Mount Wilson und Mount Palomar in Kalifornien),
während die 102 cm des bereits um 1900 erbauten Yerkes-
Refraktors (ebenfalls in Nordamerika) nicht mehr überschritten worden sind. Ein weiterer Vorteil des Reflektors besteht
darin, daß die Silber- oder Aluminiumschicht, mit der die
Hohlfläche des Spiegels überzogen wird, fast alles Licht,
das auf den Spiegel fällt, zurückwirft, während in und zwischen den Linsen der großen Objektive durch Absorption und

8

Spiegelung 3o—40% des Lichtes steckenbleibt, also für den
Zweck, den wir erreichen wollen, verlorengeht. Leider hat der
Spiegel auch eine Schwäche; er gibt nur von den Gegenstän-

Abb. 7. Lippert-Astrograph der Hamburger Sternwarte in Hamburg-
Bergedorf. Drei photographische Fernrohre mit verschiedenartiger optischer
Einrichtung und zwei visuelle Leitrohre sind hier zu einem Instrument
vereinigt.

den, nach denen seine Achse zeigt, scharfe Bilder. Auf Him-
melsaufnahmen, die mit Spiegeln gemacht sind, sind die
Sterne nur in der Mitte scharfe Punkte, weiter außen sind sie
„Kometen" (z. B. Abb. 8o). Für die Vermessung von Himmels-

9

aufnahmen ist das ein schwerer Nachteil, für viele andere
Zwecke ist aber die Lichtfülle der ausschlaggebende Gesichts-
punkt. Neuerdings ist es gelungen, diese Schwäche der Spie-

Abb. 8. Unteres Ende des großen Spiegel-Teleskops der Sternwarte auf dem
Mount Wilson in Kalifornien (Durchmesser des Spiegels $2^1/_2$ m).

gelteleskope zu überwinden. Durch die Verbindung eines
Hohlspiegels mit einer ganz dünnen, in besonderer Weise ge-
schliffenen Linse büßt man nur wenig Licht ein und erhält
auch weitab von der Bildmitte eine scharfe Abbildung (z. B.
Abb. 9).

10

Fernrohre können sich auch noch anders als durch das Prinzip ihrer Bilderzeugung unterscheiden. Daß es „visuelle" und „photographische" Fernrohre gibt, haben wir bereits bemerkt. Sie sind auch heute noch nebeneinander im Gebrauch, doch überwiegt das photographische Beobachtungsverfahren. Es

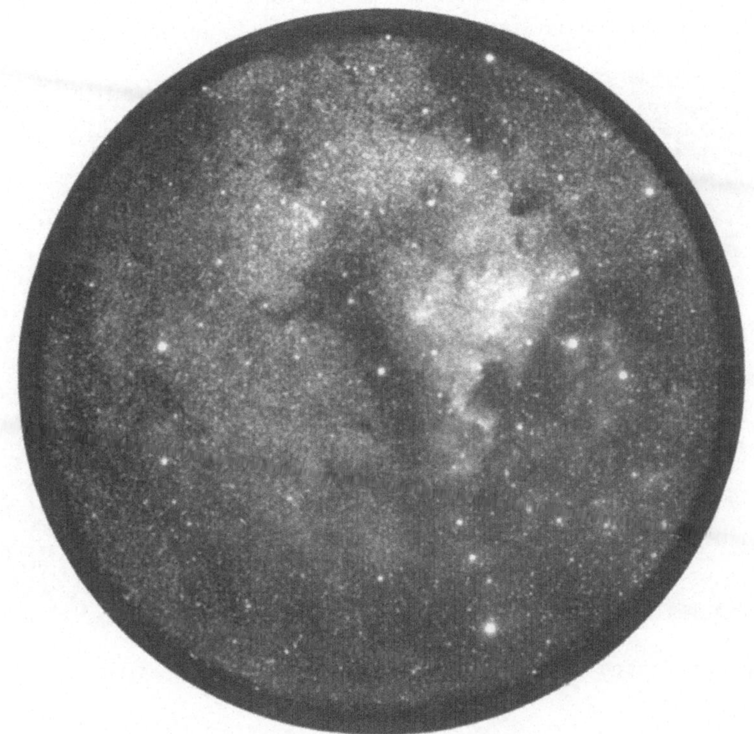

Abb. 9. Milchstraße im Schwan mit dem (seiner Form wegen so genannten) Amerika-Nebel (Aufnahme mit dem 36 cm-Schmidt-Spiegel der Hamburger Sternwarte).

liefert jederzeit greifbare Bilder des Himmels, die man zu beliebiger Zeit und beliebig oft untersuchen kann; es gibt die Möglichkeit, in den kostbaren Stunden des Ausblicks auf den Himmel möglichst viel „festzuhalten" und für die zeitraubende Bearbeitung andere Zeiten oder andere Arbeitskräfte zu verwenden. Es bringt uns aber auch Kunde von mancherlei, was das Auge auch durch die großen Fernrohrpupillen nicht sieht, obwohl es für Augenblickswirkungen empfindlicher ist als jede photographische Emulsion. Die photographische Wirkung wächst mit der Dauer der Lichteinwirkung, die photographische Platte „speichert", das Auge ist dafür nicht eingerichtet.

Aber auch das visuelle oder photographische Verfahren legt noch nicht die Gestalt der Fernrohre fest. Je nach den Auf-

Abb. 10. Gruppe von Sternhaufen im Fuhrmann (Lippert-Astrograph der Hamburger Sternwarte).

gaben, denen sie dienen sollen, müssen die optischen wie die mechanischen Teile besonders konstruiert sein. So kommt es, daß eine große Sternwarte ein Arsenal von optischen Kanonen der verschiedensten Modelle und Kaliber ist.

Rundblick und Ausblick.

Der Himmel, den uns diese großen künstlichen Augen erschließen, ist noch viel prächtiger und rätselvoller als der natürliche Himmel. Wir können uns selbst davon überzeugen, ohne Besitzer eines großen Fernrohrs zu sein. Die Abb. 9 gibt eine Stelle des Himmels dicht neben Deneb, dem hellsten Stern im Schwan, wieder. Wenn wir mit Hilfe einer Sternkarte feststellen, daß wir auf diesem Fleck mit dem bloßen Auge nur ein Dutzend Sterne wahrnehmen, so müssen wir uns gestehen, daß wir eigentlich bisher nicht viel von der Welt gesehen hatten. Eine solche Sternfülle finden wir allerdings nicht überall am Himmel. Wir haben, um den Gegensatz recht groß zu machen,

Abb. 11. Der kugelförmige Sternhaufen ω Centauri (Victoria-Teleskop der Kap-Sternwarte).

ein Feld in der Milchstraße ausgesucht, und wir kommen so auch leicht dahinter, was es mit diesem um den ganzen Himmel laufenden leuchtenden Band auf sich hat.

Wir werden beim Eindringen in die Welt der Fixsterne, die uns durch die großen Fernrohre zugänglich gemacht wird, viele Fragen stellen und manche davon beantworten. Jetzt wollen wir aber zunächst das tun, was man im Laufe der Jahrhunderte seit der Erfindung des Fernrohrs immer gern getan hat: Wir wollen unser Auge über den Himmel wandern lassen. Wir entdecken dabei so mancherlei, was sich von dem all-

gemeinen Sterngewimmel abhebt. Da gibt es z. B. Stellen, wo
eine große Menge von Sternen „auf einem Haufen" steht, und
man bezeichnet solche Ansammlungen von Sternen auch als
Sternhaufen (Abb. 10). Neben ihnen fällt uns an dem Haufen
in Abb. 11 die geschlossene, kugelrunde Gestalt auf. Etwas
ganz anderes sehen wir auf Abb. 12: eine große leuchtende

Abb. 12. Der größte der etwa 150 ringähnlich aussehenden Gasnebel; er liegt
im Wassermann und nimmt eine Fläche von $^1/_4$ des Vollmondes ein (91 cm-
Spiegel der Lick-Sternwarte in Kalifornien).

Wolke mit verschwimmenden Umrissen. Man nennt diese Gebilde aber nicht Wolken, sondern *Nebel*. Ihr Leuchten ist
nicht zusammengeflossenes Licht vieler Sterne wie das der
Milchstraße, sie sind wirklich „Nebel" und von noch sehr viel
luftigerer Beschaffenheit als unsere Nebel und Wolken. Auch
solche Gebilde, wie wir eins in Abb. 13 sehen, schleppen die
Bezeichnung „Nebel" mit sich herum, obwohl sie (was man
natürlich zur Zeit ihrer Entdeckung und Benennung nicht
wußte) keine Nebel sind, sondern Fixsternwelten, die wir im

14

Weltraum schwimmen sehen. Sie werden wegen ihres spiraligen Aussehens als *Spiralnebel* bezeichnet. Die Spiralen sind wohl die merkwürdigsten und interessantesten Objekte; es gibt Hunderttausende von ihnen am Himmel, es ist also sicher, daß

Abb. 13. Eine besonders deutliche Spirale im Sternbild Fische
(1 m-Spiegel der Hamburger Sternwarte).

ihnen im Weltbau eine große Bedeutung zukommt. Bis zur vollen Erkenntnis ihrer Bedeutung war der Weg weit und nicht immer gerade, und so werden auch wir erst nach gründlicher Vorbereitung wieder bei ihnen anlangen.

I. Die Richtung (Der Ort am Himmel).

Wie können wir die Sterne unterscheiden?

Darüber können wir nicht im Zweifel sein: Wir müssen in dem Gewimmel der Fixsterne irgendwie Ordnung schaffen, wenn wir uns gründlicher mit ihnen beschäftigen wollen. Daß das möglich ist, zeigt schon der jahrtausendealte Brauch, die hellen Fixsterne zu Sternbildern zusammenzufassen. Die Stellung der Fixsterne zueinander ist für das bloße Auge unveränderlich, und wenn man sie alle nach und nach in Karten einzeichnet und ihnen Namen gibt, so ist damit schon erreicht, daß man sie voneinander unterscheiden und sich über sie unterhalten kann. Wirkliche Namen sind heute allerdings nur für einige der hellsten Sterne gebräuchlich, im übrigen bezeichnet man die Sterne durch das Sternbild, zu dem sie gehören, und einen griechischen Buchstaben, wobei das Alphabet in der Folge der Helligkeiten durchlaufen wird (α, β γ, δ ...: Alpha, Beta, Gamma, Delta ...).

Namen und astronomische Bezeichnungen
der bekanntesten Sterne.

Name	Helligkeit in Größenklassen (s. S. 48)	Astronomische Bezeichnung	Deutscher Name des Sternbildes
Polarstern (Polaris)	2.1	α Ursae minoris	Kleiner Bär (kleiner Wagen)
Achernar	0.6	α Eridani	Fluß Eridanus
Mira	(S. 65)	o (Omikron) Ceti	Walfisch
Algol	2.1—3.2	β Persei	Perseus
Algenib	1,9	α Persei	Perseus
Aldebaran	1,1	α Tauri	Stier
Capella	0,2	α Aurigae	Fuhrmann
Rigel	0,3	β Orionis	Orion
Beteigeuze	0,9	α Orionis	Orion
Canopus	— 0,9	α Carinae (α Argus)	Kiel (des Schiffes Argo)
Sirius	— 1,6	α Canis majoris	Großer Hund
Castor	2,0	α Geminorum	Zwillinge
Pollux	1,2	β Geminorum	Zwillinge
Prokyon	0,5	α Canis minoris	Kleiner Hund
Regulus	1,3	α Leonis	Löwe
Mizar	2,2	ζ (Zeta) Ursae majoris	Großer Bär
Alkor	4,0	g Ursae majoris	(Himmelswagen)
Spica	1,2	α Virginis	Jungfrau
Arktur	0,2	α Bootis	Bootes
Gemma	2,3	α Coronae (borealis)	(Nördliche) Krone
Antares	1,2	α Scorpii	Skorpion
Wega	0,1	α Lyrae	Leier
Atair	0,9	α Aquilae	Adler
Deneb	1,3	α Cygni	Schwan
Fomalhaut	1,3	α Piscis austrini	Südlicher Fisch

Es gibt auch noch andere Bezeichnungen (lateinische Buchstaben und Nummern), aber alle solche Kennzeichnungen versagen, wenn wir uns daran machen, auch die vielen schwächeren Sterne, die uns durch das Fernrohr sichtbar gemacht werden, zu ordnen. Wir müssen uns dafür nach einer anderen

Methode umsehen. Sollten wir nicht einfach dasselbe machen, was wir zur Kennzeichnung der verschiedenen Punkte unserer Erdoberfläche tun? Der Himmel erscheint uns als Kugel, und die Erde ist auch eine Kugel, die Dinge müssen also sehr ähnlich liegen. Wenn wir sagen, daß ein Stern zum Großen Bären und ein anderer zum Orion gehört, so ist das etwa dasselbe wie die Aussage, daß Berlin in Deutschland und Kairo in Ägypten liegt. Auf guten Karten kann man auch viel unbedeutendere Orte auffinden, wenn man nur einen Hinweis hat, in welchem Felde der Karte sie liegen, denn wir haben ja auf der Erde alle Punkte, die man suchen könnte, mit Namen ausgestattet. Das trifft aber nur zu, solange wir einen Punkt auf dem festen Lande suchen. Den Ort eines Schiffes auf dem Meere pflegen wir anders anzugeben: nach Länge und Breite. Zu diesem Zwecke ziehen wir (in gleichen Abständen) von einem Pol zum anderen 360 Halbkreise, die wir Längenkreise nennen, und parallel zum Äquator 180 Breitenkreise, 90 zwischen Äquator und Nordpol und 90 zwischen Äquator und Südpol, wobei der 90. auf jeder Seite nur noch ein Punkt, nämlich der Pol selbst, ist. Dieses Netz der Längen- und Breitenkreise kann man auf jedem Globus sehen. Wenn wir uns diese Kreise als feste Rippen und die übrige Erde durchsichtig denken, dann können wir uns auch vorstellen, wie eine starke Lampe im Mittelpunkt der Erde diese Rippen auf die Himmelskugel projiziert, und damit haben wir auch am Himmel das Netz, das wir zur Festlegung der Fixsternörter brauchen. Die Bezeichnung ist zufällig etwas anders; wir nennen die beiden Zahlen, die einen Himmelspunkt in derselben Weise kennzeichnen wie Länge und Breite einen Erdort, Rektaszension und Deklination. Die Deklination wird vom Äquator aus nach Norden und nach Süden (0° bis +90°, 0° bis −90°) gezählt, die Rektaszension rundherum von 0° bis 360° (oder von 0 Uhr bis 24 Uhr, weil der Himmel sich infolge der Erddrehung in 24 Stunden scheinbar einmal ganz herumdreht). Der Nullmeridian, bei dem die Zählung beginnen soll, muß wie auf der Erde, wo es der Meridian von Greenwich ist, durch Verabredung festgelegt werden. Er soll durch den Punkt gehen, in dem die Sonne den Himmelsäquator im Frühling überschreitet (Frühlingspunkt). Das ist eine sehr einfache und klare Festlegung; ihr in der Praxis gerecht zu werden, ist aber mit sehr großen Schwierigkeiten verbunden.

Die Astronomen legen die Örter der Sterne fest.

Wir wollen diese Schwierigkeiten den Astronomen überlassen und uns nur ansehen, wie sie es anstellen, den Ort eines Sternes, d. h. seine Rektaszension und Deklination, festzustellen. Sie machen das mit einem Instrument, das so, wie wir es auf den Sternwarten sehen, sehr kompliziert ist, dessen Sinn uns aber sehr einleuchten wird, wenn wir es grob nachbauen

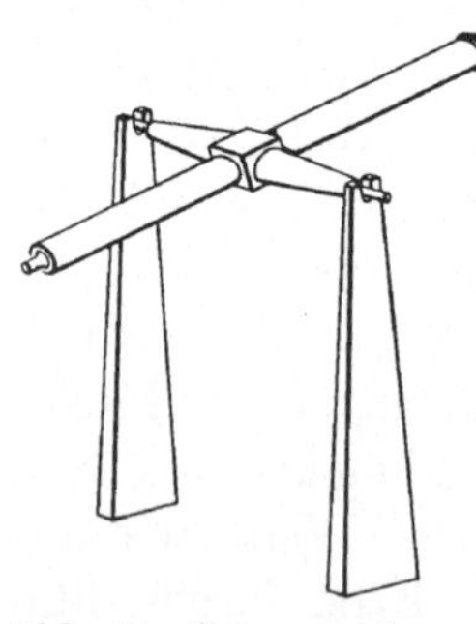

Abb. 14. Schema eines Meridiankreises.

(Abb. 14). Wir stellen dazu zwei Pfähle so auf, daß ihre Verbindungslinie in der Ost-Westrichtung liegt. Darüber legen wir eine Stange, die sich in Einschnitten der Pfähle drehen kann. Bringen wir nun noch in der Mitte der Stange eine Röhre an, durch die wir hindurchsehen können, dann haben wir das Wesentliche eines *Meridiankreises* aufgebaut. Wenn wir die Stange drehen und währenddessen durch das „Fernrohr" hindurchsehen, dann durchstreift unser Blick am Himmel einen Kreis, der vom Südpunkt des Horizontes zum Scheitel- oder Zenitpunkt über uns aufsteigt und zum Nordpunkt hinunterläuft. Dieser Kreis (dessen zweite Hälfte uns durch die Erde verdeckt wird) ist der Meridian unseres Beobachtungsortes und hat für uns die Bedeutung einer Schwelle, über die täglich alles hinweg muß, was sich am Himmel befindet. Wenn die Sonne durch den Meridian geht, ist es Mittag (nach wahrer Zeit, die von der bürgerlichen Zeit etwas verschieden ist). Die Zeit von einem Durchgang bis zum nächsten ist ein Tag mit 24 Stunden, und wir müssen unsere Uhren so einrichten, daß das stimmt, denn die maßgebliche Uhr, nach der sich alles zu richten hat, ist unsere Erde, die sich, und damit uns und unseren Meridian, täglich einmal herumdreht. Wenn es uns heute gelingt, zu sehen, wie ein Fixstern durch das Gesichtsfeld unseres Fernrohrs geht, so werden wir ihn auch morgen abfangen können, wenn wir das Fernrohr auf dieselbe Höhe über dem Horizont einstellen. Unsere Sternzeituhr muß dann dieselbe Stunde, Minute und Sekunde zeigen. Tut sie es nicht, dann geht sie zu schnell oder zu langsam. Jeder Stern geht zu einer bestimmten Zeit durch den Meridian und bietet uns eine Gelegenheit, unsere Uhr zu vergleichen (unmittelbar unsere Sternzeit-Uhr, die bürgerliche Sonnenzeit erhält man daraus durch Umrechnung). Wann ein Stern durch den Meridian geht, hängt, wie der Augenschein lehrt, von seinem Ort am Himmel ab, und zwar von seiner Rektaszension; zu jeder Rektaszension gehört eine bestimmte Durchgangszeit. Umgekehrt kann aber auch ein Stern, der in diesem Augenblick durch den Meridian geht, nur eine bestimmte Rektaszension haben. Wir sehen so, wie man in der Lage ist, mit einem Meridiankreis die Rektaszension eines Sterns zu bestimmen. Damit ist aber der Platz am Himmel noch nicht festgelegt, da es eine ganze Reihe von Sternen geben könnte, die dieselbe Rektaszension haben. Sobald wir aber noch ein Zahnrad mit 360 Zähnen auf die Achse setzen und messen, wie hoch (wie viele Zähne oder Grade) über dem Horizont der Durchgang durch den Meridian stattfindet, dann haben wir zwei Zahlenangaben, die zusammen nur auf einen Stern passen können. Die Rektaszension und die Deklination (die die Höhe über dem Himmels*äquator* ist, aber aus der gemessenen Höhe über dem Horizont folgt) bilden zusammen den „Ort" des Sterns, der seine Auffindung und astronomische Verwendung ermöglicht. Daß man mit unserem groben Instrument in der Bestimmung von Sternörtern weit kommen würde, wird niemand annehmen. Wenn wir bedenken, daß die Astronomen Zeit und Rektaszension nicht in Stunden und Minuten und auch nicht in ganzen Sekunden angeben, sondern sich auch noch um die Zehntel und Hundertstel und sogar Tausendstel der Zeitsekunde bemühen, und daß sie auch die Höhen und Deklinationen nicht in ganzen Graden messen, die bei Kreisteilungen doch schon recht dicht beieinander liegen, sondern bis auf die Zehntel und Hundertstel der Bogensekunden (1 Grad wird in 60 Bogenminuten geteilt, 1 Bogenminute in

60 Bogensekunden), dann werden wir begreifen, warum ein wirklicher Meridiankreis ein so komplizierter Apparat ist (Abb. 15).

Abb. 15. Großer Meridiankreis der Hamburger Sternwarte.

Millionen von Sternen sind in Katalogen und auf Karten verzeichnet.

Man hat sich zuerst nur mit den hellsten Sternen befaßt und schließlich die Örter der etwa 5000 Sterne bestimmt, die mit dem bloßen Auge sichtbar sind. Damit hat man sich aber auch nicht zufrieden gegeben, da die Verwendung lichtstarker Fernrohre an den Meridiankreisen auch die Beobachtung schwächerer Sterne zuläßt; im Laufe der Zeit ist die Zahl der Sterne, deren Örter auf diese Weise bestimmt worden sind, auf mehrere hunderttausend angewachsen. Die Sternörter werden zu Katalogen zusammengefaßt; der folgende Ausschnitt zeigt, wie ein solcher Sternkatalog aussieht. Jede Zeile

Nr.	B D	Hell.	Rektasz. 1925	Dekl. 1925	Epoche	Beob.
1351	$+26°1690$	$9^m,3$	$7^h54^m\ 9^s,44$	$+26°\ 25'\ 23'',6$	1918,4	4
1352	$+16\ 1598$	$6\ ,0$	$54\ 14\ ,89$	$+16\ 43\ 18\ ,7$	14,1	2
1353	$+10\ 1677$	$8\ ,3$	$54\ 41\ ,57$	$+10\ 19\ 59\ ,2$	16.8	3
1354	$+51\ 1381$	$8\ ,5$	$54\ 51\ ,76$	$+50\ 52\ 16\ ,6$	19,6	2
1355	$+52\ 1268$	$8\ ,9$	$55\ \ 6\ ,48$	$+51\ 55\ 55\ ,0$	14,1	2

bezieht sich auf einen Stern. Außer seiner Nummer in diesem Katalog findet man in der Spalte Hell. eine Angabe über seine Helligkeit, in den Spalten Rektasz. 1925 und Dekl. 1925 den Ort des Sterns und außerdem noch einige andere Zahlen, mit denen wir uns hier nicht beschäftigen wollen. Gewöhnlich arbeitet man in der astronomischen Praxis mit solchen Sternkatalogen, für manche Zwecke verwendet man aber auch Sternkarten, die nach den Ortsangaben der Kataloge gezeichnet worden sind. Das gebräuchlichste Kartenwerk dieser Art ist die Bonner Durchmusterung. Sterne, die nicht gerade zu den hellsten gehören, werden meistens durch ihre Nummer in der Bonner Durchmusterung gekennzeichnet (Spalte „BD" im Katalog), gelegentlich auch durch ihre Nummer in anderen (besonders den ältesten) Sternkatalogen.

Es gibt aber am Himmel noch viel mehr Sterne, sehr viel mehr, als sich auf diesem Wege bewältigen ließen. An diese „Masse" geht die Astronomie mit photographischen Mitteln heran. Eine Himmelsaufnahme ist eigentlich eine Karte, auf der das Netz fehlt. Wir können es einzeichnen, wenn wir von einigen Sternen der Aufnahme wissen, welche Rektaszension und Deklination sie haben. Das Einzeichnen des Netzes können wir uns aber auch ersparen und statt dessen einige Messungen ausführen. Wir können z. B. messen, wieviel Millimeter jeder Stern, der uns interessiert, über der Unterkante der Platte liegt, und wieviel Millimeter Abstand er von der linken Seitenkante hat. Wenn

wir durch einige Sterne, deren Örter wir schon aus einem Katalog
kennen, herausbekommen, was die gemessenen Millimeter am
Himmel bedeuten, können wir alle unsere Messungen in die
üblichen Angaben übersetzen. Auch diese Messungen gehen
nicht ganz so einfach vor sich. Man braucht die Tausendstel
oder sogar Zehntausendstel des Millimeters, und die kann man
an einem gewöhnlichen Maßstab nicht gut ablesen. Die Meß-

Abb. 16. Platten-Meßapparat (Hamburger Sternwarte).

apparate, die dazu nötig sind, sind vom Zollstock nicht weniger weit entfernt als der wirkliche Meridiankreis von dem
von uns aufgebauten Modell (Abb. 16). Die „Photographische
Himmelskarte", die kurz vor 1900 begonnen worden ist, ist
ein Versuch, die große Menge schwacher Sterne am ganzen
Himmel zu katalogisieren. Sie gibt in einer großen Zahl von
Katalogen die Örter von mehreren Millionen Sternen und für
viele Zonen auch Karten, die unmittelbare Nachdrucke von
Himmelsaufnahmen sind.

Auch der Astronom ist unvollkommen.

Was wollen wir nun aber mit diesen Hunderttausenden oder
Millionen von Sternörtern anfangen? Es sieht fast so aus, als

seien die Astronomen die närrischste Sorte Sammler, die sich ausdenken läßt. Sie haben aber sehr gute Gründe für diese Sammeltätigkeit. Ein Anlaß, der sehr stark zur Festlegung so vieler Sternörter beigetragen hat, hat eigentlich mit den Fixsternen gar nichts zu tun. Man braucht am Himmel ein dichtes Netz von Festpunkten, mit deren Hilfe man den Lauf der Planeten und Kometen verfolgen kann. Diesen Zweck erfüllen die Sternkataloge heute noch, aber sie sind inzwischen lebendig geworden und geben uns wichtige Auskünfte über die Fixsterne selbst. Man hat sich nicht damit begnügt, den Ort eines jeden Sterns einmal zu bestimmen. Der Wunsch, den Ort so genau wie möglich festzulegen, hat dazu geführt, dieselben Sterne von Zeit zu Zeit neu zu beobachten, an derselben oder an verschiedenen Sternwarten. Daß dabei jedesmal dasselbe herauskommt, ist nicht zu erwarten. Die Beobachtung eines Sternorts ist ein komplizierter Vorgang. Wenn das Fernrohr auf die richtige Höhe im Meridian eingestellt ist, tritt der Stern einige Zeit vor seinem Meridiandurchgang in das Gesichtsfeld des Fernrohrs. In der Brennebene des Fernrohr-

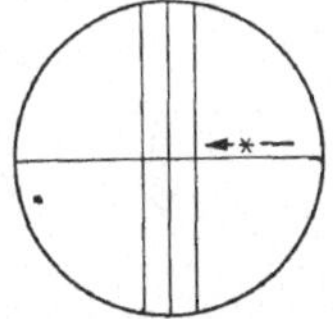

Abb. 17. Stern im Fadennetz.

objektivs, in der das Bild des Sterns von rechts nach links wandert, weil der Stern draußen sich von links nach rechts bewegt, sind mehrere Fäden angebracht (Abb. 17). Wir müssen nun den Augenblick erwischen, in dem das Bild des Sterns gerade über dem senkrechten Faden hinweggeht, der unseren Meridian markiert. Selbst wenn man das nicht mit der Taschenuhr in der Hand macht, sondern durch ein elektrisches Signal einen automatischen Vergleich mit einer astronomischen Uhr vollführt, kann der Augenblick von demselben Beobachter von Fall zu Fall etwas verschieden aufgefaßt werden, und zwischen zwei verschiedenen Beobachtern treten erst recht Unterschiede auf. Der hundertste Teil einer Zeitsekunde ist sehr kurz, und einen Spielraum von einigen solchen „Augenblicken" muß man selbst der besten Beobachtung zubilligen. Genau so steht es mit dem zweiten Teil der Ortsangabe. Wir müssen das Fernrohr so um seine Achse drehen, daß der Stern auf dem waagrechten Faden entlangläuft, und dann müssen wir an dem Kreis, der die Drehung mißt, ablesen, welchen Winkel gegen den Horizont unsere Sehrichtung bildet. Man liest die Kreisstellung mit kräftigen Mikroskopen ab, aber auch hierbei bleibt ein Spielraum, in dem die Meßergebnisse schwanken können. Der Beobachter selbst ist aber nicht die einzige Quelle solcher Ungenauigkeiten, die Instrumente tragen auch noch dazu bei, durch Unzulänglichkeiten, die ihnen von der Herstellung her anhaften, und durch Veränderungen, die sie unter dem Einfluß von Wärme und Kälte, Feuchtigkeit und noch anderen Dingen erleiden. Der Kampf gegen alle diese schädlichen Einflüsse macht einen sehr großen Teil der Tätigkeit des praktischen Astronomen aus, denn was wir hier in bezug auf den Meridiankreis geschildert haben, weil wir zufällig zuerst mit ihm zu tun hatten, gilt in demselben Maße für alle astronomischen Instrumente.

Die Fixsterne stehen garnicht fest.

Durch längeren Umgang mit Sternkatalogen kommt man zu einem Urteil darüber, wie groß die Genauigkeit der in ihnen gegebenen Örter ist, wieviel größer und kleiner also die angegebenen Zahlen sein könnten, ohne daß der Ort als falsch oder anders zu gelten hätte. Bei der Wiederbeobachtung von Sternörtern nach längerer Zeit, nach einigen Jahrzehnten z. B., verhält sich der größere Teil der Sterne noch immer so, es gibt aber auch Sterne, deren Ort entschieden anders ausfällt als bei der ersten Beobachtung, und noch wieder anders, wenn man ihn — wieder nach einigen Jahrzehnten — ein drittes Mal beobachtet. Man sagt von solchen Sternen, daß sie eine *Eigenbewegung* (Abb. 18) haben. Die folgenden Beispiele zeigen, wie das in Zahlen aussieht:

Stern ohne Eigenbewegung	1890	19^h40^m	$54^s,05$	$-1°\ 46'\ 51'',9$
	1908		54 ,04	52 ,3
	1919		54 ,02	51 ,9
Stern mit Eigenbewegung	1880	16^h27^m	$54^s,50$	$+3°\ 27'\ 52'',1$
	1902		53 ,90	47 ,3
	1919		53 ,49	44 ,2

Die Sterne behalten also ihren Platz am Himmel nicht so unveränderlich bei, wie wir es bei „Fix"sternen bisher vorausgesetzt haben, sie bewegen sich. Diese Ortsveränderungen sind nur klein und springen nicht in die Augen, wenn man den Himmel in der üblichen Weise betrachtet, und deshalb bedurfte es des langen und umständlichen Weges über die Sternörter und Sternkataloge, um sie zu finden. Seitdem wir den Himmel auf photographischen Platten aufbewahren können, ist dieser Umweg nicht mehr nötig, wir können die Eigenbewegungen „sehen".

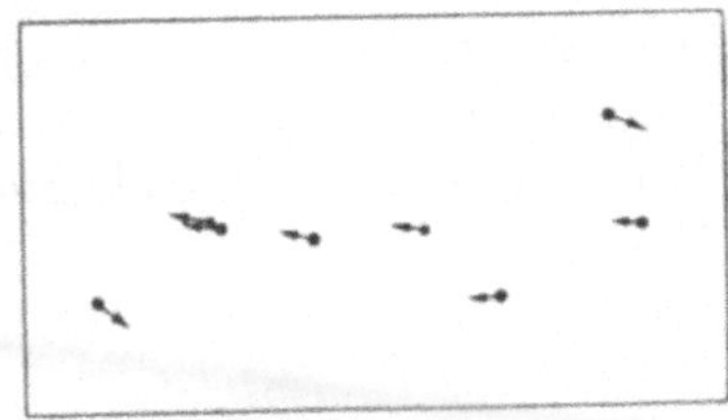

Abb. 18. Die Eigenbewegungen der bekanntesten Sterne im Großen Bären in 50000 Jahren; sechs der Sterne gehören einem Stern „strom" an.

Sehen wir uns einmal die beiden Aufnahmen in Abb. 19 an. Es ist nicht schwer, zu sehen, daß sich die Anordnung der Sterne in diesem Teil des Himmels im allgemeinen nicht verändert hat. Wenn wir aber die Mitte ganz genau betrachten, sehen wir, daß da ein Stern ist, der nicht an seinem Platz geblieben ist. Diese Eigenbewegung „springt in die Augen", obwohl sie nur 20 Bogensekunden

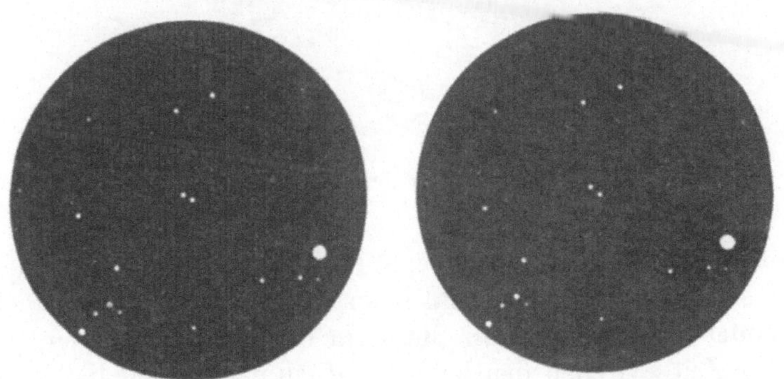

Abb. 19. Ein Fixstern, der nicht auf seinem Platze geblieben ist (Aufnahmen der Sternwarte Heidelberg).

in den 14 Jahren beträgt, die zwischen den beiden Aufnahmen liegen, eine Vollmondbreite also erst nach 1300 Jahren erreichen würde. Um solche Vergleichungen bequem zu machen, hat man einen besonderen Apparat konstruiert, den man, weil

er zum Vergleichen zweier Platten dient, Komparator nennt
(Abb. 20). Man stellt, wie man sieht, die beiden Platten nebeneinander auf. Jede der beiden Platten wird mit einem Mikroskop betrachtet. Die Lichtstrahlen werden aber so gelenkt,
daß die Strahlen aus beiden Mikroskopen schließlich durch
dieselbe Öffnung in das Auge treten. Eine bewegliche Klappe
sorgt noch dafür, daß abwechselnd die eine oder die andere
Platte verdeckt ist (Blinkkomparator). Wenn man die Platten

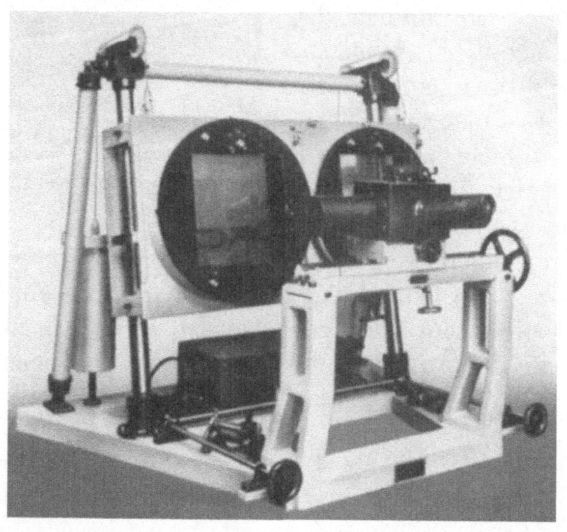

Abb. 20. Ein Komparator der Hamburger Sternwarte.

genau genug aufeinander abgepaßt hat, kann man es erreichen,
daß sich das allgemeine Bild beim Umlegen der Klappe nicht
verändert. Wenn aber ein Stern im Gesichtsfeld ist, der sich
in der Zeit zwischen den beiden Aufnahmen bewegt hat, dann
springt er im Tempo des Klappenwechsels hin und her und —
dadurch in die Augen.

Die meisten Sterne haben aber sehr kleine Eigenbewegungen, und man muß schon sehr sorgfältig vorgehen, wenn man
sie sichtbar machen und messen will. Das einfachste wäre ja,
die beiden Platten übereinander zu legen. Es müßte sich erreichen lassen, daß fast alle Sterne zur Deckung kommen;

nebeneinander lägen dann die Bilder bei den Sternen, die sich bewegt haben. So ähnlich macht man es auch, nur — wie in allen solchen Fällen — nicht ganz wörtlich. Eine vollkommene Deckung zweier Platten läßt sich gar nicht erreichen, schon deswegen nicht, weil selbst mit demselben Fernrohr zu zwei verschiedenen Zeiten keine vollkommen gleichen Abbildungen des Himmels zustande kommen. Man legt deshalb die Platten besser so, daß überall beide Bilder nebeneinander sichtbar sind, so daß man ihren Abstand messen kann. Was man wörtlich nicht erzielen kann, nämlich die Deckung, muß man dann durch ein Rechnungsverfahren zuwege bringen, das in manchen Fällen sehr einfach und manchmal auch etwas umständlich sein kann, am Ende aber über jeden Stern auf der Platte eine Auskunft gibt, wie er sich in bezug auf die größere Menge der ruhenden Sterne bewegt hat. Solche Messungen müssen natürlich in einem ordentlichen Meßapparat vor sich gehen.

Die größte Eigenbewegung, die bei einem Fixstern bisher gefunden worden ist, hat ein unscheinbarer, schwacher Stern, der schon weit unter der Sehschwelle des bloßen Auges liegt. Seine Eigenbewegung ist ganz ungewöhnlich groß ($10''$ im Jahr), und doch würde er nahezu 2000 Jahre brauchen, um die Hinterkante des Himmelswagens zu durchlaufen. Wir geben uns also bei den Eigenbewegungen der Fixsterne mit einer ganz unauffälligen Erscheinung ab, der aber eine sehr weitgehende Bedeutung zukommt. Die Eigenbewegungen belehren uns, daß die Fixsternwelt kein starres Gebilde ist und uns auch nicht so erscheinen würde, wenn wir längere Zeiträume überblicken könnten.

Die kleinen Eigenbewegungen lassen auf große Entfernungen schließen.

Die Kleinheit der Eigenbewegungen besagt nicht etwa, daß die Bewegungen der Fixsterne klein sind. Wir sehen doch nur, um welche Winkel sich unsere Blickrichtung im Laufe der Zeit ändert (Abb. 21), und dieser Winkel bedeutet eine ganz verschiedene Strecke im Raume, je nach der Entfernung, in

der sich die Bewegung abspielt. Es ist also auch möglich, daß
die Sterne mit beträchtlichen Geschwindigkeiten durch den
Weltraum fliegen, aber so weit von uns entfernt sind, daß
uns ihre Bewegung doch nur klein erscheint. Wir wollen einmal annehmen, daß die Fixsterne sich mit ähnlichen Geschwindigkeiten bewegen wie unsere Erde auf ihrer Fahrt um
die Sonne. Das sind etwa 30 km in der Sekunde. In einer
Minute würde ein solcher Stern also 1800 km zurücklegen,
in einer Stunde rund 100000 km, in einem Tag
$2^1/_2$ Millionen km und in einem Jahre nahezu
1 Milliarde km. Nach unseren Erfahrungen bewegt sich kein Fixstern mehr als 10 Bogensekunden im Jahr von seinem Platz fort (der Vollmond
hat einen Durchmesser von 30 Bogenminuten oder
1800 Bogensekunden!). Die tatsächlich zurück-
gelegte Milliarde Kilometer erscheint uns also
günstigenfalls als ein Winkel von 10 Bogensekunden, und wir wollen uns einmal überlegen,
wie weit der Stern von uns entfernt sein muß, damit das stimmen kann. Wenn der Winkel w in
Abb. 21 nur 10 Bogensekunden groß wäre (wir
können ihn nicht so klein zeichnen), dann wäre
die dazugehörige Strecke v von einem Punkt nicht
zu unterscheiden, so weit unser Papier reicht. Erst
in einer Entfernung von 1 km wäre sie 48 mm lang,
bei 1000 km 48 m, bei 1000000 km 48 km, und wir
sehen, daß die Fixsterne mindestens 20 Billionen km

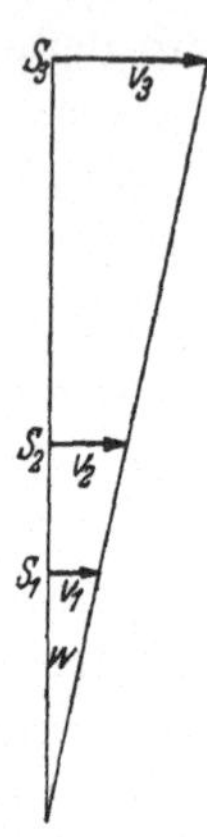

Abb. 21.
Ganz ver-
schiedene
Strecken
und doch
dieselbe
„Eigen-
bewegung".

von uns entfernt sein müssen, wenn die von uns
vermutete Bewegung von 30 km in der Sekunde mit den beobachteten Eigenbewegungen in Einklang stehen soll. Die große
Menge der Sterne hat aber sehr viel kleinere, beinahe unmerkliche Eigenbewegungen; wir müssen also damit rechnen, daß
sie hundert- oder tausendmal so weit entfernt sind.

Die Eigenbewegungen können uns also nach zwei Richtungen hin über die Fixsterne Aufschluß geben: über ihre Bewegungen und über ihre Entfernungen. Wir wollen uns aber
gleich klarmachen, daß sie zu einer vollständigen Kenntnis
dieser Dinge nicht ausreichen. Wenn wir an einem Stern eine

Bezeichnung des Sterns	Helligkeit	Eigenbewegung
Barnards Stern	$9^{m},7$	$10'',3$
Kapteyns Stern.	9 ,2	8 ,7
Groombridge 1830	6 ,5	7 ,0
Lacaille 9352.	7 ,4	6 ,9
Cordoba 32416	8 ,3	6 ,1
61 Cygni A und B	5 ,1	5 ,2
Wolf 359	13 ,5	4 ,8
Lalande 21185	7 ,6	4 ,8
ε Indi.	4 ,7	4 ,7
Lalande 21258	8 ,5	4 ,5

Abb. 22. Nochmals drei verschiedene Bewegungen, die als „Eigenbewegung" nicht zu unterscheiden sind.

Eigenbewegung von gewisser Größe festgestellt haben, so können wir über seine wirkliche Bewegung nur dann etwas aussagen, wenn wir seine Entfernung schon kennen. Außerdem müssen wir noch bedenken, daß wir nur sehen und messen, was quer zu unserer Blickrichtung vor sich geht. Die drei Bewegungen von ganz verschiedener Größe und Richtung, die in Abb. 22 eingezeichnet sind, erscheinen unter demselben Winkel. Zur vollständigen Bestimmung der *räumlichen* Bewegungen der Fixsterne muß also noch etwas zu den Eigenbewegungen hinzukommen (siehe S. 121). Aber auch auf die Entfernung können wir nicht eindeutig schließen. Sie läßt sich aus der Eigenbewegung nur dann errechnen, wenn die räumliche Bewegung des Sterns bekannt ist, und das ist doch im allgemeinen nicht der Fall.

Die Entfernungen der Sterne.

Wir müssen uns also gestehen, daß wir so noch nicht viel mit unseren kostbaren Eigenbewegungen anfangen können, sondern zuvor einen Weg suchen müssen, der uns zur sicheren Kenntnis von irgend etwas, z. B. der Entfernung, führt. Wir kommen von selbst darauf, wenn wir uns mit den Eigenbewegungen und den Sternörtern, aus denen sie abgeleitet werden, genauer beschäftigen. Es gibt Sterne, die nicht nur alle zehn oder zwanzig Jahre beobachtet werden, sondern so oft es möglich ist. Wenn wir einen solchen Stern im Frühling und Herbst dieses Jahres und wieder im Frühling des nächsten Jahres beobachten und die gewonnenen Örter vergleichen, so werden sie im allgemeinen übereinstimmen oder eine gleichmäßige Änderung, eine Eigenbewegung, zeigen. Es kann aber auch sein, daß der Stern vom Frühling bis zum Herbst seinen Ort in einer bestimmten Richtung um einen kleinen Betrag ändert und im nächsten halben Jahre wieder an seinen Ausgangsort zurückkehrt. Dieses Pendeln, das man in der Astronomie als *Parallaxe* bezeichnet, ist eine fast unmerkliche Erscheinung, und die Parallaxenmessung ist eine der schwierigsten Aufgaben der astronomischen Beobachtungstechnik. Was hat das Pendeln aber zu bedeuten? Wir würden es als eine Eigentümlichkeit der Sterne auffassen können, wenn nicht Ähnlichkeiten im Pendeln verschiedener Sterne uns nahelegen würden, die Ursache bei uns selbst zu suchen. Es ist uns ja bekannt, daß der Platz, von dem aus wir unsere Beobachtungen anstellen, recht beweglich ist. Wir werden einmal jeden Tag wie auf einem Karussell im Kreise herumgeführt, und das ganze Karussell wandert im Laufe des Jahres im Kreise um die Sonne herum.

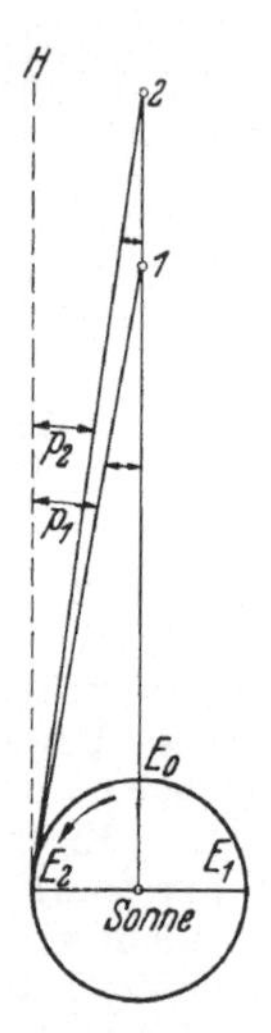

Abb. 23. Jährliche Parallaxe.

Und von den verschiedenen Punkten dieser großen Kreisbahn visieren wir nach den Fixsternen, wenn wir ihre Örter messen. Wir wollen es in Abb. 23 so abpassen, daß wir gerade zu der Zeit, wo die Erde genau zwischen Sonne und Stern steht (in E_0), den Stern anvisieren. Diese Richtung wollen wir festhalten, während die Erde ihre Reise fortsetzt. Wenn wir in E_2 ankommen, sehen wir den Stern nicht mehr in der festgehaltenen Richtung E_2H (die parallel zu $E_0$1 ist), sondern um einen sehr kleinen Winkel p dagegen verschoben. So groß wie dieser bei E_2 liegende Winkel p, den wir messen, sind auch die anderen durch einen Doppelpfeil bezeichneten Winkel in der Figur, und so begreifen wir, daß die Astronomen als Parallaxe den Winkel bezeichnen, unter dem man vom Stern aus den Halbmesser der Erdbahn sehen würde. Dieser Winkel wird immer kleiner, je weiter der Stern entfernt ist, und so ist die Parallaxe ein Maß der Entfernung.

Landmesserei auf der Erde und im Weltraum.

Es handelt sich übrigens dabei um eine Angelegenheit, die uns unter irdischen Verhältnissen durchaus geläufig ist. Die Entfernung eines Sterns zu messen, ist im Grunde nichts anderes, als was unsere Landmesser täglich ausführen. Wenn es nötig ist, die Lage des Punktes C (Abb. 24) festzulegen, ohne den Fluß zu durchqueren, so schafft man sich eine Standlinie AB und visiert von A und B nach C. Aus der Länge der Basis AB und den Winkeln in A und B ergibt sich durch Zeichnung oder Rechnung die Länge der Strecken AC und BC, also die Entfernung des Punktes C. Bei unserer Landmesserei im Weltraum befördert uns unsere Erde automatisch von dem einen Ende der Basis zum andern, und die Schwierigkeit liegt nur darin, die Winkel genau genug zu messen, die ursprüngliche Richtung so genau „festzuhalten", daß die fast unmerkliche Abweichung

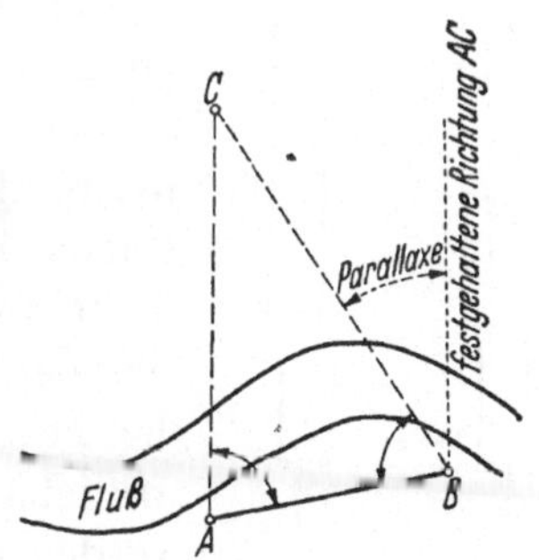

Abb. 24. Irdische Entfernungsmessung.

am anderen Ende der Basis zutage tritt. Das ist nicht ganz so einfach wie der Ausdruck, den wir dafür gewählt haben, und nur durch schwierige Beobachtungen und umständliche Rechnungen zu verwirklichen. Es handelt sich auch nur bei den Sternen um ein einfaches Hin- und Herpendeln, die in der Erdbahn liegen, am Himmel also auf dem Kreis, den die Sonne im Laufe des Jahres durchläuft; alle anderen beschreiben kleine Ellipsen.

Eine besondere Schwierigkeit wollen wir erwähnen, weil sie gleichzeitig zeigt, daß es den Astronomen wirklich nicht leicht gemacht ist, in die Geheimnisse des Weltraums einzudringen. Versetzen wir uns nochmals in den Punkt E_0 der Erdbahn!

Unser Fernrohr liegt, wie wir annehmen wollen, in der Richtung der Lichtstrahlen, die von dem Stern S kommen, durch das Objektiv gehen und im Brennpunkt zum Bilde vereinigt werden. Es genügt uns, den Strahl zu verfolgen, der durch den Mittelpunkt des Objektivs geht: Wenn er im Bildpunkt B ankommt, ist das Okularende des Fernrohrs gar nicht mehr dort, da es ja von der Erde inzwischen weggetragen worden ist (Abb. 25a). Wenn wir den Stern sehen wollen, müssen wir dafür sorgen, daß das Okular von vornherein um diesen Betrag zurückbleibt. Wir erreichen das, indem wir das Fernrohr um einen kleinen Winkel drehen (Abb. 25b), womit wir allerdings zugleich dem Stern einen falschen Ort zumessen. Auch diese Erscheinung ist uns nicht fremd. Wir haben alle schon einmal mit Vergnügen oder Sorge aus einem Eisenbahnabteil in den Regen hinausgesehen. Wenn gerade, während der Zug hält, ein senkrecht fallender Regen einsetzt, spritzen die Regentropfen senkrecht an den Fenstern herunter. Sobald sich aber der Zug in schneller Fahrt befindet, spritzen die Tropfen schräg über die Scheiben. Wenn wir jetzt eine Röhre zum Fenster hinaushalten, werden die Tropfen, die oben in die Öffnung hineinfallen, unten nicht wieder herauskommen, solange wir die Röhre senkrecht halten, sondern

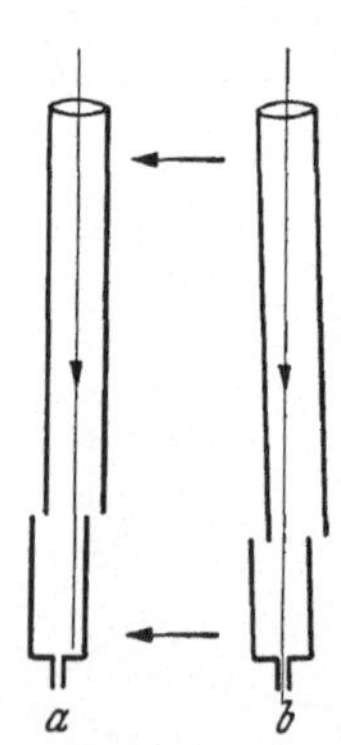

Abb. 25. Aberration des Lichts.

im Innern gegen die Wand schlagen. Erst wenn wir die Röhre den Tropfen entgegenneigen, erreichen sie unbehindert das untere Ende, und wir müssen unsere Röhre um so schräger halten, je schneller der Zug fährt. Die optische Erscheinung, die Aberration, befolgt dasselbe Gesetz. Der Winkel, um den wir unser Fernrohr „vorhalten" müssen, ist durch das Verhältnis gegeben, in dem die Geschwindigkeiten von Fernrohr (also Erde) und Licht zueinander stehen (im Punkte E_0 30 : 300 000). Er ist nicht sehr groß, aber mit 30 Bogensekunden doch sehr viel größer als die größte Parallaxe, und es ist wohl zu ahnen, welche Schwierigkeiten es machen muß, die kleinere Erscheinung von der Überdeckung durch die große zu befreien. Daß es überhaupt möglich ist, liegt daran, daß in den

Punkten E_1 und E_2, in denen die parallaktische Verschiebung ihren größten Betrag erreicht, keine Aberration vorhanden ist, weil sich in diesen Punkten das Fernrohr in der Richtung der Lichtstrahlen bewegt.

Ein passenderes Maß: das Lichtjahr.

Wir sind nun nicht mehr auf unbestimmte Schätzungen der Fixsternentfernungen angewiesen, wie wir sie vorher auf Grund der Eigenbewegungen ausgeführt haben. Die Parallaxenforschung liefert uns dafür ganz bestimmte Werte, die ebenso wirklich sind wie irgendeine irdische Entfernung, die auf dieselbe Weise gemessen worden ist. Unsere Schätzungen hatten uns auf recht große Entfernungen geführt, die wirklichen Entfernungen stellen sich aber als noch viel größer heraus. Die größte Parallaxe, die gemessen worden ist, beträgt nur 0,8 Bogensekunden, und die Entfernung, aus der man die 150 Millionen km des Erdbahnhalbmessers unter einem so kleinen Winkel sieht — nämlich wie ein Fünfmarkstück aus 8 km Entfernung —, beträgt 40 Billionen km. Der Stern, der uns so ungewöhnlich nahe ist, ist ein schwacher Stern im Sternbild Zentaur auf der südlichen Hälfte des Himmels. Der hellste Fixstern des Himmels, Sirius, ist beträchtlich weiter entfernt, nämlich 90 Billionen km.

Es wird niemand behaupten, daß er sich solche Entfernungen vorstellen kann, selbst wenn ihm das Jonglieren mit solchen Zahlen keine Schwierigkeiten macht. Wir gewinnen etwas an Anschaulichkeit und viel an Einfachheit des Ausdrucks, wenn wir uns einen anderen Maßstab wählen als das Kilometer, das für irdische Verhältnisse paßt, da selbst der Umfang der Erde nur 40000 km lang ist, aber für Weltraumverhältnisse nicht recht ausreicht. Wir schließen dabei an einen Brauch an, der im täglichen Leben sehr üblich ist. Auf die Frage nach der Entfernung des nächsten Briefkastens wird man im allgemeinen nicht antworten: „300 Meter", sondern: „3 Minuten". Die Zeit, die nötig ist, eine Strecke zurückzulegen, ist also zugleich ein Ausdruck für die Strecke selbst. In unserem Erdenleben kommen wir heute nicht mehr immer damit aus, da es nicht in allen Fällen selbstverständlich ist, welches Verkehrsmittel den Maßstab abgeben soll. Für den Weltraumverkehr kommt nur ein Verkehrsmittel in Frage: das Licht. Ein Lichtsignal, das wir eben in den Raum hinaussenden, wird nach einer Sekunde schon in 300 000 km Entfernung gesehen, kurz danach auf dem Mond, nach einer Minute in 18 Millionen km Abstand, nach $8\frac{1}{2}$ Minuten auf der Sonne, und es kommt, wenn es kräftig genug war, nach einem Jahre in einer Entfernung von 10 Billionen km an. Wir wissen, daß wir damit den nächsten Fixstern noch nicht erreicht haben, aber wir haben doch schon ein beträchtliches Stück des Weges zu ihm zurückgelegt. Wenn wir daher die Strecke, die das Licht in einem Jahre zurücklegt, als Maßstab für Weltraumentfernungen einführen, so wird das wahrscheinlich ganz passend sein. Wir nennen diese Strecke ein Lichtjahr, und wie wir vorher ausgerechnet haben, sind das in unserem üblichen Maß rund 10 Billionen km. Wir werden alle Weltraumstrecken in Lichtjahren angeben.

Die hellsten Sterne sind nicht die nächsten.

Wir stellen die wichtigsten Sterne, deren Entfernungen durch Messung ihrer Parallaxen bestimmt worden sind, in zwei Listen zusammen. Die eine enthält die Sterne, die uns am nächsten sind, die andere die hellsten Sterne des Himmels, die uns als gute Bekannte interessieren (die in Klammern gesetzten Entfernungen sind auf andere Weise bestimmt, siehe S. 111).

Die nächsten Sterne.

Name	Helligkeit	Entfernung (Lichtjahre)
Proxima Centauri	11,0	4
α Centauri	0,1	4
Barnards Stern	9,7	6
Wolf 359	13,5	8
Lalande 21 185	7,6	8
Sirius	−1,6	9

Name	Entfernung (Lichtjahre)	Name	Entfernung (Lichtjahre)
Sirius	9	Atair	16
Canopus.	(200)	Beteigeuze	(270)
α Centauri.	4	α Crucis.	(220)
Wega	27	Aldebaran	57
Capella	48	Pollux	30
Arktur	38	Spica	(190)
Rigel	(540)	Antares	(160)
Prokyon.	11	Fomalhaut.	27
Achernar	72	Deneb	—
β Centauri	(160)	Regulus	59

Wir machen dabei sogleich die Erfahrung, daß die hellsten Sterne nicht zugleich die nächsten sind. Das ist eine wichtige Erkenntnis. Denn das müßte so sein, wenn alle Sterne gleich hell strahlen würden. Daß es nicht so ist, ist ein Hinweis darauf, daß die Fixsterne sehr verschiedene Leuchtkraft haben könnnen. Ein Stern, der uns sehr hell erscheint, kann geringere Leuchtkraft haben und uns sehr nahe sein (wie z. B. Sirius) oder bei großer Leuchtkraft sehr weit entfernt sein (z. B. Canopus). Es wäre für unsere Zwecke sehr viel bequemer, wenn alle Fixsterne ungefähr dieselbe Leuchtkraft hätten. Ihre Helligkeit würde uns eindeutig sagen, wie weit sie entfernt sind. Wir wüßten für alle sichtbaren Sterne, wo sie im Weltraum stehen, und wir wären von dem erstrebten Modell der Fixsternwelt nicht mehr weit entfernt. So, wie die Dinge tatsächlich liegen, werden wir weite Umwege machen müssen, um an dieses Ziel zu kommen.

Natürliche Grenzen.

Vorläufig müssen wir damit zufrieden sein, daß wir wenigstens über unsere nächste Umgebung Bescheid wissen. Es handelt sich allerdings nur um die allernächste Umgebung, denn die größten Entfernungen, die man nach der Landmessermethode einigermaßen sicher bestimmen kann, betragen etwa 150 Lichtjahre, und das ist nicht viel. Wir wollen uns aber auch gleich klarmachen, daß diese Grenze sich nur noch wenig und langsam hinausschieben lassen wird. Wir erinnern

uns, daß die Entfernung durch den Winkel gemessen wird,
um den ein Stern sich am Himmel verschiebt, während die
Erde uns von einem Punkte ihrer Bahn zum entgegengesetzten
bringt. Dieser Winkel wird immer kleiner, je größer die Entfernung wird, und er wird schließlich so klein, daß die Fehler, die sich in die Beobachtung einschleichen, ebenso groß
werden wie der Winkel, der gemessen werden soll. Was das
bedeutet, wollen wir uns mit Hilfe einiger Zahlen deutlich
machen: Wir wollen annehmen, daß wir mit einem Stern zu
tun haben, der $3^1/_4$ Lichtjahre von uns entfernt ist. Der Winkel, den wir zu messen haben, ist in diesem Falle 1 Bogensekunde groß. Es ist uns nicht möglich, den Winkel ganz
genau zu messen. Unsere Messung kann 1,1 oder auch 0,9 Bogensekunden ergeben, also vom wahren Wert um 10 Prozent
abweichen. Die Entfernung, die wir aus unserer Messung ab-
leiten, kann daher auch um 10 Prozent falsch werden. Sie
kann 2,9 oder 3,5 Lichtjahre ergeben statt der richtigen 3,2.
Das ist keine grobe Verfälschung und wird für die meisten
Zwecke keinen Unterschied bedeuten. Ganz anders wird es
aber, wenn wir eine Entfernung von 30 Lichtjahren messen
wollen. Die Parallaxe beträgt dann nur 0,1 Bogensekunden,
und da unsere Beobachtungsfehler auch jetzt eine Abweichung
von 0,1 Bogensekunden nach jeder Seite verursachen können,
können unsere Messungen ebensogut 0,0 wie 0,2 Bogensekunden ergeben. Einer Parallaxe von 0,2 Bogensekunden
entspricht aber eine Entfernung von 15 Lichtjahren (statt 30),
und zu der Parallaxe 0,0 Bogensekunden gehört sogar eine
unendlich große Entfernung, und es ist leicht einzusehen,
daß die Genauigkeit unserer Beobachtungen eine Grenze setzt,
über die wir beim besten Willen nicht hinauskommen können.
Man kann Parallaxen heute genauer messen, als wir eben angenommen haben, aber größere Entfernungen als 150 Lichtjahre können wir nicht verbürgen. Durch weitere Verbesserung
unserer Meßinstrumente und der Beobachtungsmethoden wird
die Beobachtungsgenauigkeit allmählich noch weiter gesteigert
werden, doch nicht in solchem Maße, daß sich dadurch das
für direkte Entfernungsmessungen zugängliche Gebiet noch
wesentlich vergrößern könnte.

Es gibt noch ein anderes Mittel, die Genauigkeit der Entfernungsmessungen zu steigern und die Messung größerer Entfernungen zu ermöglichen: man wählt eine größere Basis! Wenn wir auf einen der äußeren Planeten übersiedeln könnten, die in sehr viel größeren Abständen um die Sonne laufen, so hätten wir eine 5fache (bei Jupiter) oder sogar 3ofache Basis (bei Neptun) zur Verfügung. Da wir aber bis auf weiteres noch auf solche Ausflüge werden verzichten müssen, bildet die Erdbahn mit ihrem Durchmesser von 3oo Millionen km für uns eine natürliche Grenze.

Erfahrungen des täglichen Lebens.

Wir haben, um uns den Begriff der Parallaxe anschaulich zu machen, unsere Fahrt um die Sonne mit einer Karussellfahrt verglichen. Das entspricht auch den natürlichen Verhältnissen. Eine Karussellfahrt ist aber nicht etwa das einfachste und klarste Mittel, unter irdischen Bedingungen Parallaxen zu *sehen*. Dazu ist nicht nur unnötig, sondern sogar verwirrend, wenn wir uns im Kreise herumführen lassen. Wir tun

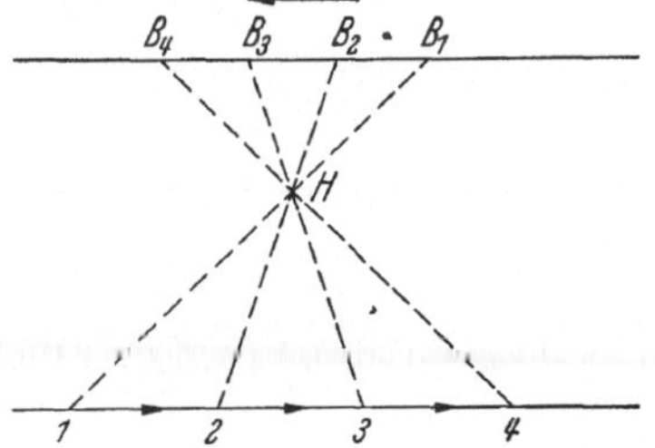

Abb. 26. Fortschreitende Parallaxe.

besser daran, uns in einen Eisenbahnzug zu setzen und zum Fenster hinauszusehen. Was wir da während der Fahrt sehen, ist uns ganz geläufig: die Landschaft bewegt sich wie eine Drehbühne. Was in der Nähe der Bahnlinie ist, fliegt an uns vorbei, Gegenstände in größerer Entfernung wandern gemächlich, und der ferne Hintergrund steht beinahe still. Die Abb. 26 und 27 zeigen uns, wie das zustande kommt. In Abb. 26 sind die Punkte 1, 2, 3, 4 Stellen der Strecke, an die wir in unserem Zuge nacheinander kommen. *H* soll ein Haus sein, das in einiger Entfernung mitten im freien Felde steht. Ganz hinten in der Landschaft nehmen wir eine Landstraße an, deren Bäume wir noch voneinander unterscheiden können. Wir sehen dann, während wir von 1 nach 4 fahren, wie das

Haus in der entgegengesetzten Richtung von einem Baum der
Straße zum anderen wandert, von $B\,1$ über $B\,2$ und $B\,3$ nach
$B\,4$. Der Winkel bei H (in dem Dreieck mit den Eckpunkten
$1,4$ und H) ist die Parallaxe des Punktes H in bezug auf die
Basis $1-4$, und wir sehen aus der Figur, daß wir diesen Winkel und die Entfernung des Hauses H von der Bahnlinie bestimmen können, wenn wir die Strecke $1-4$ feststellen und
die beiden Winkel bei 1 und 4 messen, also die Winkel zwischen der Bahnlinie und den Richtungen, in denen wir das
Haus von den Endpunkten 1 und 4 aus sehen. Wenn wir
nämlich eine Strecke $1-4$ von bestimmter Länge auf Papier

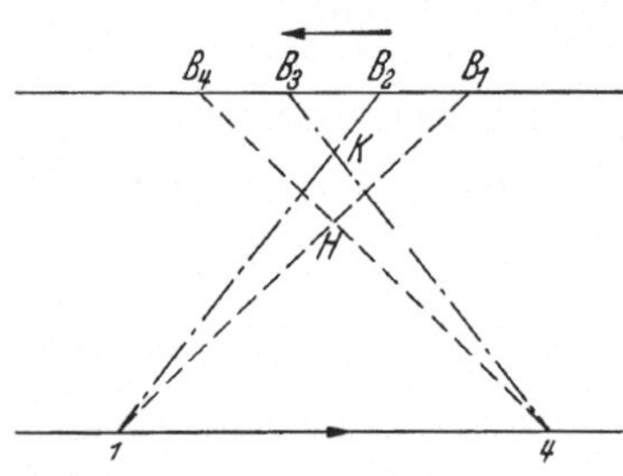

Abb. 27. Abhängigkeit
der parallaktischen Verschiebung
von der Entfernung.

zeichnen oder sonst irgendwie
und irgendwo festlegen und an
jedem Ende einen bestimmten
Winkel antragen, dann geben
die freien Schenkel der Winkel nur einen einzigen Schnitt-
punkt H, der dadurch vollkommen bestimmt ist. In der Abbildung 27 sind nur zwei Punkte
unserer Fahrstrecke eingezeichnet, aber außer dem Haus noch
eine weiter entfernte Kirche K.

Die Kirche wandert ebenso (von uns aus gesehen) auf
dem Hintergrund von Baum zu Baum, aber nur vom 2.
zum 3., während das Haus vom 1. bis zum 4. wandert: der
größeren Entfernung entspricht die kleinere scheinbare Verschiebung. Das ist nur das, was wir uns bei den Betrachtungen über Entfernungsbestimmungen schon klargemacht haben.
Wir gewinnen aber durch unsere Eisenbahnfahrt eine neue
Einsicht: Die parallaktischen Verschiebungen werden für dasselbe Objekt immer größer, je weiter wir unsere Fahrt fortsetzen. Wenn wir uns Zeit genug lassen, haben wir Aussicht,
daß auch die Verschiebungen sehr ferner Objekte über der
Schwelle unserer Meßwerkzeuge erscheinen.

Wir suchen und finden ähnliche Erscheinungen am Himmel.

Was nützt uns aber diese Einsicht? Ihre Anwendung setzt voraus, daß wir unaufhörlich mit erheblicher Geschwindigkeit in derselben Richtung durch den Fixsternraum gefahren werden, und dessen sind wir uns bis hierher noch nicht bewußt geworden. Es ist aber wirklich so. Unsere Erde läuft zwar im Kreise um die Sonne herum, und die anderen Planeten machen es ebenso, aber das ganze Sonnensystem befindet sich auf großer Fahrt. Es wandert seit unübersehbarer Zeit mit einer Geschwindigkeit von rund 20 km in der Sekunde durch den Raum und legt schon in erlebbaren Zeiten gewaltige Strecken zurück: in der Stunde 72 000 km, im Jahre 600 Millionen km. Das macht es uns möglich, an den Sternen die wachsenden parallaktischen Verschiebungen zu beobachten, die wir uns am irdischen Beispiel veranschaulicht haben, und wir müssen uns nun überlegen, wie das am Himmel aussehen wird.

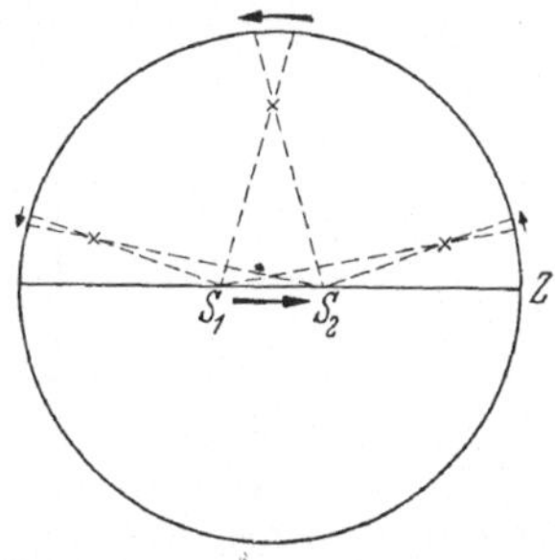

Abb. 28. Durch die Bewegung der Sonne hervorgerufene parallaktische Bewegungen am Himmel.

Unsere Bewegung geht in einer geraden Linie vor sich, aber der Hintergrund, auf dem wir die parallaktischen Verschiebungen sehen und abschätzen, verhält sich etwas anders als die Landstraße in unserem irdischen Beispiel. Der Himmel erscheint uns überall rund, und es ist für unsere augenblicklichen Absichten völlig berechtigt, ihn als eine große Hohlkugel anzusehen. Durch die Abb. 28 können wir uns die Erscheinungen am Himmel klarmachen. Es sind da drei Sterne eingezeichnet, die gleich weit von uns entfernt sein sollen. Sie liegen aber in bezug auf den Zielpunkt unserer Bewegung (Z) an verschiedenen Stellen des Himmels: der eine liegt „vor uns“, der zweite „querab“ und der dritte „hinter uns“. Alle drei erleiden, während uns die Sonne von 1 nach 2 bringt, eine scheinbare Verschiebung in derselben Richtung: weg vom Zielpunkt unserer Bewegung. Die Verschiebung ist am größten querab von unserer Bewegungsrichtung und ganz klein in der Umgebung des Zielpunktes und seines Gegenpunktes. Die drei Bilder der Abb. 29 zeigen schematisch, wie sich die parallaktischen Verschiebungen der Sterne in der Umgebung des Zielpunktes und des Herkunftspunktes unserer Bewegung und in dem mitten dazwischen liegenden Himmelsgürtel gruppieren. Wenn unsere Geschwindigkeit größer wäre, würden wir den Eindruck haben, daß die Sterne vor uns auseinanderweichen, um uns Platz zu machen und recht schnell an uns vorbeizukommen, und sich hinter uns wieder zusammenschlie-

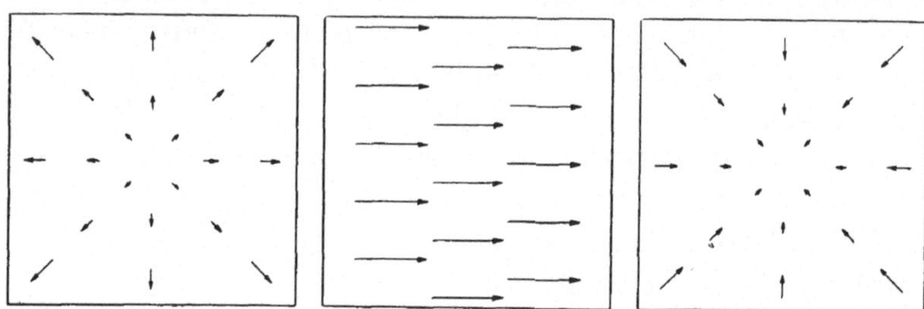

Abb. 29. So sehen wir die Sterne sich bewegen (schematisch gezeichnet), während wir mit der Sonne zwischen ihnen hindurchfahren: vor uns (links), hinter uns (rechts) und in dem mitten dazwischen liegenden Himmelsgürtel.

ßen. Nur ein Stern, der genau vor uns auf unserem Wege stände, würde nicht ausweichen. Wir können denselben Eindruck gewinnen, wenn wir im Kraftwagen durch einen Wald fahren. Die Bäume treten vor uns langsam auseinander, ziehen querab schnell an uns vorbei und schließen sich langsam hinter uns wieder zu einem ruhenden Wald zusammen. Sollte ein Baum mitten auf der Straße stehengeblieben sein, dann spiegelt er unsere Bewegung nicht in dieser Form wider. Wir merken aber auf andere Art, daß wir ihm näher kommen, und eine solche zweite Möglichkeit, unsere Bewegung aus den Sternen zu erschließen, werden wir später auch noch kennenlernen (S. 122).

Wir haben die Bewegung unseres Sonnensystems durch den Fixsternraum als Tatsache hingenommen und uns klargemacht, wie sie sich am Himmel widerspiegeln muß. Der Gang der Erkenntnis war umgekehrt. An den parallaktischen Verschiebungen der Sterne hat man die Bewegung der Sonne erkannt, aus ihrer Verteilung und Größe Richtung und Geschwindigkeit der Bewegung bestimmt. So einfach, wie es nach unserer Schilderung scheinen könnte, ist das aber nicht vor sich gegangen. Die parallaktischen Verschiebungen erscheinen uns als Eigenbewegungen der Sterne, und wir haben früher gesehen, wie sich die Eigenbewegungen durch wiederholte Beobachtungen der Sternörter ergeben. Daß die kleinen Bewegungen sich nur schwer aus den Beobachtungsfehlern herausschälen lassen, stört uns jetzt nicht so sehr, denn wir können ja warten, bis sie groß genug geworden sind. Viel ernster ist die Schwierigkeit, die uns die Sterne selbst bereiten. Ständen sie unbeweglich fest an ihren Plätzen im Weltraum, dann würden die parallaktischen Verschiebungen klar und deutlich zum Vorschein kommen. Sie sind aber nicht in Ruhe, ebensowenig wie unsere Sonne. Genau wie sie zieht jeder von ihnen mit größerer oder kleinerer Geschwindigkeit in· irgendeiner Richtung dahin, und wir stehen infolgedessen einem kunterbunten Durcheinander von Eigenbewegungen gegenüber, das wir erst entwirren müssen, um zu den parallaktischen Verschiebungen zu kommen. Mit etwas Geduld und Geschicklichkeit läßt sich das aber machen, wenn wir annehmen können, daß die Bewegungen der Sterne *regellos* vor sich gehen, daß „kein System" in diesen Bewegungen steckt. Kennen wir auf einem Fleck des Himmels, so groß wie der Große Bär oder der Orion, die Eigenbewegungen von ein paar Dutzend Sternen, so haben wir sie alle zusammenzulegen, einen Durchschnittswert zu bilden. Was regellos, also bei einem jeden der Sterne anders ist, hebt sich bei einem solchen Verfahren auf und verschwindet; was den zusammengeworfenen Sternen gemeinsam anhaftet, die parallaktische Verschiebung, wird durch den Mittelwert ausgedrückt.

Wie steht es nun aber mit der Entfernungsbestimmung, die wir doch auf diesem Wege weitertreiben wollten? Nun: große Parallaxen bedeuten kleine Entfernungen und kleine Parallaxen große Entfernungen, und wenn wir die Raumbewegung unserer Sonne vorher bestimmt haben, können wir die Entfernungen berechnen. Was wir erstrebten, ist damit erreicht: Über je längere Zeiten wir unsere Beobachtungen erstrecken, desto länger wird unsere Basis, und desto größere Entfernungen können wir bestimmen. Aber die Methode gibt uns keine Möglichkeit, die Entfernung eines einzelnen Sterns zu bestimmen. Da wir eine Mittelbildung über eine große Zahl von Sternen vornehmen müssen, um die eigenen Bewegungen der Sterne zu unterdrücken, so erhalten wir auch immer nur die Entfernung für eine solche Gruppe von Sternen, und das kann nur dann einen handgreiflichen Sinn haben, wenn man die Zusammenfassung schon so vornimmt, daß die Sterne einer Gruppe im großen und ganzen dieselbe Entfernung haben. Wir sind hier auf eine *statistische* Methode gestoßen; diese Methoden sind äußerst wichtig, ihre Handhabung setzt aber viel Sachkenntnis und Geschicklichkeit voraus, wenn sie zu Erkenntnissen und nicht zu Fehlschlüssen führen sollen.

Doppelsterne.

Was uns die Eigenbewegungen über die wirklichen Bewegungen der Sterne sagen, wird uns erst ,später, im Zusammenhang mit anderen Beobachtungsergebnissen, ganz deutlich werden. Hier wollen wir nur feststellen, daß die wirklichen Querbewegungen der Sterne, die übrigbleiben, wenn wir aus den beobachteten Eigenbewegungen die periodischen und die fortschreitenden parallaktischen Bewegungen (und natürlich auch die Aberration) herausgenommen haben, ganz allgemein geradlinig und gleichmäßig vor sich gehen. Etwas anderes beobachten wir nur, wo zwei Sterne dicht beieinander sind. Das ist nicht überall der Fall, wo wir zwei Sterne dicht beieinander *sehen*, denn in vielen Fällen kann es so sein, daß die Sterne zwar in derselben Richtung, aber einer weit hinter dem andern stehen. Mit der Beobachtung heller Doppelsterne ist schon vor mehr als hundert Jahren begonnen worden, und die heutigen Verzeichnisse enthalten mehr als 20000 solche Sternpaare. Man legt die Stellung der beiden Sterne zueinander fest, indem man ihren Abstand mißt und den Winkel, den ihre Verbindungslinie mit der Richtung zum Nordpol des Himmels bil-

det. (Der Abstand der Bilder der Sterne in der Brennebene
des Fernrohrs oder auf der photographischen Platte ist eine
Strecke, auf den Himmel übertragen bedeutet er aber einen
Winkel zwischen zwei Richtungen und wird in Bogensekunden
angegeben.)

Bei der weitaus größeren Mehrzahl von Doppelsternen ergibt sich bei allen Messungen immer wieder dieselbe Stellung.
Das kann bedeuten, daß die beiden Sterne mit der gleichen
Geschwindigkeit nebeneinander durch den Raum ziehen, und
das kommt sogar bei nicht so eng benachbarten Sternen
und ganzen Gruppen von Sternen vor. Bei den schwächeren Doppelsternen bedeutet es aber mei-
stens, daß beide Sterne
so weit entfernt sind, daß
wir ihre Eigenbewegun-
gen nicht sehen können.
Es gibt aber auch Fälle,
in denen es sich lohnt,
die zu verschiedenen Zei-
ten gemessenen Stellun-
gen aufzuzeichnen. Die
Abb. 3o gibt ein solches
Bild für den Doppel-
stern γ Virginis. Hier

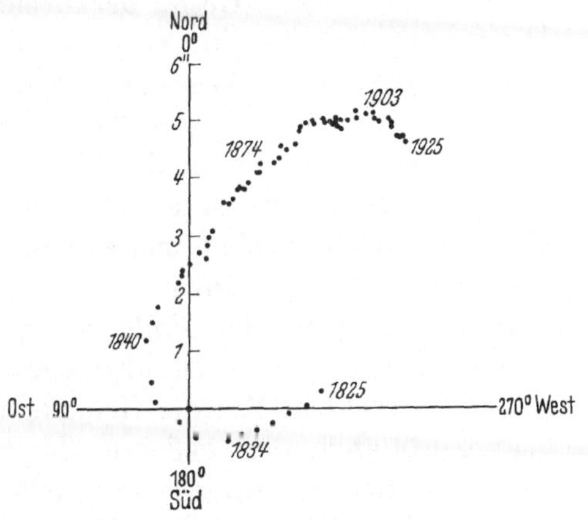

Abb. 30. Beobachtungen des Doppelsterns
γ Virginis von 1825 bis 1925.

hat der eine der beiden Sterne in den 100 Jahren, über
die sich die Beobachtungen erstrecken, mehr als einen halben
Umlauf um den anderen ausgeführt. Eine noch vollständigere
Bahn ist nur in wenigen Fällen beobachtet; aber es genügt uns
auch schon ein solches Stück zur Bestimmung der Bahnform
und der Umlaufszeit, weil wir wissen, daß zwei Massen sich
nur in Kreisen oder Ellipsen umeinander bewegen können.
Wir müssen aber bedenken, daß wir in den meisten Fällen
nicht senkrecht auf die Bahn blicken, sie also auch nicht in
ihrer wahren Gestalt sehen. Es ist aber möglich, das Bild zu
entzerren und Gestalt, Lage und Größe (im Winkelmaß!) der
wahren Bahn daraus abzuleiten. Bei etwa 200 Doppelsternen

43

reichen heute die Beobachtungen zu einer Bahnbestimmung
aus; die Umlaufszeiten, die sich dabei ergeben, liegen zwischen
einigen Jahren und einigen Jahrhunderten.

Wir können die Sterne mit unserer Sonne vergleichen.

Sobald es uns bei einem Doppelstern dieser Art gelingt,
seine Entfernung zu bestimmen, können wir den Durchmesser
seiner Bahn in Kilometer umrechnen. Das ist von großer Bedeutung, weil sich daraus im Zusammenhang mit der Umlaufszeit nach einem Gesetz der Mechanik die Gesamtmasse des
Doppelsterns ergibt (im Vergleich mit der Masse der Sonne)
und dies der einzige Weg ist, auf dem wir überhaupt zu einer
Kenntnis von Sternmassen kommen können. Wie sich die
Gesamtmasse auf die beiden Sterne verteilt, wieviel Materie
also der einzelne Stern enthält, wissen wir damit allerdings
immer noch nicht, aber in gewissen Fällen ist auch die Auf-
teilung der Masse möglich:

In dem abgebildeten Falle von γ Virginis sind die beiden
Sterne gleich hell; es ist also ganz gleich, welchen wir als
ruhend betrachten. Wo die Helligkeiten verschieden sind, sieht
man gewöhnlich den helleren als den ruhenden Hauptstern
an und mißt von ihm aus die Stellung des schwächeren Begleiters. Wenn wir aber die Messungen umgekehrt anfangen,
also den schwächeren als ruhend annehmen und die Stellung
des helleren in bezug auf ihn messen, dann erhalten wir ebenso
richtig einen Umlauf des helleren um den schwächeren. Wir
können diese relativen Bahnen durch absolute ersetzen, wenn
wir die Örter der beiden Sterne an einem Meridiankreis oder
auf einer photographischen Platte zusammen mit denen wirklich ruhender Fixsterne bestimmen. Wir finden dann als
ruhenden Punkt einen Punkt zwischen den beiden Sternen
(Schwerpunkt des Systems) und für jeden der Sterne eine
Bahn um diesen ruhenden oder gleichförmig wie andere
Sterne wandernden Schwerpunkt. Diese beiden Bahnen können
verschieden groß sein, und darin drückt sich das Verhältnis
ihrer Massen aus, das uns in Verbindung mit der Gesamtmasse
die Einzelmassen zu berechnen erlaubt. Es kann übrigens auch

44

vorkommen, daß wir durch solche Beobachtungen bei einem Einzelstern Ortsveränderungen feststellen, die eine elliptische Bahnbewegung und damit das Vorhandensein eines unsichtbaren Begleiters verraten. So sind die schwächeren Begleiter der hellen Sterne Sirius und Procyon auf Grund solcher Vorhersagen gesucht und schließlich auch gefunden worden. Bei einigen Doppelsternen verlaufen die Bewegungen nicht rein elliptisch; das läßt einen dritten oder sogar vierten Stern vermuten und gelegentlich auch errechnen.

Massen einiger Doppelsterne.

Stern	Umlaufszeit (Jahre)	Massen der beiden Sterne	
Capella	0,3	4,2 × Sonne	3,3 × Sonne
Sirius	50	2,2	1,0
Prokyon	40	1,2	0,4
γ Virginis	178	1,3	1,3
ξ Bootis.	151	0,7	0,7
Krüger 60	44	0,2	0,1
π Cephei	178	5,2	2,1
85 Pegasi	26	0,6	0,5

II. Die Helligkeit.

Helligkeitsunterschiede.

Die Sterne sind nicht alle gleich hell. Wie wollen wir aber die Helligkeit zweier Sterne miteinander vergleichen? Es ist, wenn man zwei Sterne ansieht, meistens nicht schwierig, zu sagen, welcher der hellere ist. Es ist aber kaum möglich, zu sagen, daß der eine Stern doppelt oder dreimal so hell sei wie der andere. Leichter zu lösen ist schon die Aufgabe, einen dritten Stern zu finden, der nach seiner Helligkeit mitten zwischen die beiden anderen gehört. Auf diesem Wege können wir auch weitergehen und zwischen den ersten und dritten und zwischen den dritten und zweiten je einen Stern einschieben. So kommen wir zu einer Helligkeitsleiter mit lauter gleich hohen Stufen. Und wenn ein Beobachter lange genug solche

45

Einstufungen vorgenommen hat, dann prägt sich ihm seine „Stufe“ so stark ein, daß er beim Anblick zweier Sterne, die nicht gar zu verschieden sind, zu schätzen vermag, um wie viele Helligkeitsstufen sie sich voneinander unterscheiden. Das ist die natürliche Methode der Helligkeitsschätzung, und in dieser Weise werden auch heute noch eine große Menge von Helligkeitsbestimmungen vorgenommen.

Der Stufenschätzung haftet aber ein Mangel an: die Helligkeitsstufe ist kein festes Maß, sie bedeutet bei jedem Beobachter einen anderen Helligkeitsunterschied. Diese Unsicherheit können wir dadurch beseitigen, daß wir uns eine feste Stufe besorgen. Wir wollen diesem Zwecke ein halbes Dutzend photographischer Platten opfern, indem wir sie kurze Zeit dem Licht aussetzen und dann entwickeln. Sie sehen danach etwas schwarz aus, und wenn wir hindurchsehen, sieht alles etwas dunkler aus. Die Platten verschlucken von allem Licht, das durch sie hindurchgeht, einen Teil, und wenn sie gleich schwarz geworden sind, alle denselben Teil. Mit dieser Ausrüstung wollen wir einen Versuch am Himmel machen. Wir beobachten zwei Sterne, von denen der eine deutlich heller ist als der andere. Wenn wir eine unserer Platten nehmen und beide Sterne durch sie betrachten, ändert sich der Helligkeitsunterschied nicht, sie werden beide schwächer. Betrachten wir aber nur den helleren durch die Platte, den anderen mit dem bloßen Auge, so wird der Helligkeitsunterschied kleiner. Es mag sein, daß der hellere Stern auch so noch heller erscheint. Dann legen wir zwei Platten aufeinander und betrachten ihn durch die Doppelplatte. Nun möge der hellere Stern genau so hell aussehen wie der schwächere: wir können dann sagen, daß er zwei Stufen heller war. Und wenn wir unsere Platte einem anderen Beobachter in die Hand geben, so wird er zu demselben Ergebnis kommen, denn er benutzt ja nun dieselbe „Stufe“. Wir können mit unseren Platten beliebig viele Sterne vergleichen. Überall, wo wir gerade zwei Platten brauchen, um die Gleichheit der Helligkeit herzustellen, haben wir denselben Helligkeitsunterschied. Wir sprechen mit vollem Recht von Helligkeits*unterschieden:* eine Platte, zwei Platten usw., das ist immer ein *Unterschied* von einer Platte. Aber wir wollen uns doch genau überlegen, was bei unserem Beobachtungsverfahren vor sich geht.

Nehmen wir einmal an, wir hätten eine ganze Reihe von Sternen vor uns. Der schwächste soll unser Normalstern sein. Der zweite möge so schwach werden wie dieser, wenn wir ihn durch eine Platte ansehen; der dritte werde so schwach wie der Normalstern, wenn sein Licht durch zwei Platten hindurch geht. Unsere Platten mögen so geschwärzt sein, daß sie die Hälfte des Lichts verschlucken. Die Lichtmenge, die durch eine Platte hindurch kommt, ist also nur noch $\frac{1}{2}$ der ursprünglichen Lichtmenge i, also $\frac{1}{2} i$; was aus der zweiten Platte herauskommt, ist wieder nur noch $\frac{1}{2}$ von $\frac{1}{2} i$, also $\frac{1}{4} i$; was drei Platten durchsetzt hat, ist noch $\frac{1}{2}$ von $\frac{1}{4} i$, also $\frac{1}{8} i$ usw. Wenn die Sterne unserer Reihe nun nach Abschwächung durch keine, eine, zwei, drei und mehr Platten sämtlich gleich hell erscheinen, dann muß die ursprüngliche Lichtmenge des zweiten doppelt so groß sein wie die des ersten, die des dritten viermal so groß, die des vierten achtmal so groß usw.:

Stern	1	2	3	4	5	6
Ursprüngliche Lichtmenge	1	2	4	8	16	32
Zahl der Platten	0	1	2	3	4	5
Restliche Lichtmenge	1	1	1	1	1	1

Wir sehen daraus, daß gleichen Stufen unserer Beobachtung nicht gleiche *Unterschiede*, sondern gleiche *Verhältnisse* der Lichtmenge entsprechen. In unserem Beispiel ist das einer Stufe entsprechende Verhältnis $2 : 1$, weil die Platten so geschwärzt waren, daß sie $\frac{1}{2}$ des auftreffenden Lichts verschlucken. Hätten wir Platten gewählt, die statt 50% nur 10% des Lichts verschlucken, so würden in unserem Schema ganz andere Zahlen stehen, unsere Schlußfolgerung würde aber ebenso ausfallen.

Stern„größen".

Es war nötig, diese Überlegungen zu machen, weil unser Auge bei seinen Schätzungen nach demselben Prinzip verfährt und somit alle unsere Beobachtungen über Helligkeitsunterschiede erst in Lichtmengenverhältnisse übersetzt werden müssen, wenn damit etwas über die Lichtquellen, die Sterne, selbst gesagt werden soll. Wir haben seit 1000 Jahren eine Einteilung der Sterne nach ihrer mit dem Auge geschätzten Helligkeit. Die für das bloße Auge sichtbaren Sterne werden in 6 Klassen eingeteilt. Die hellsten Fixsterne bilden die 1., die schwächsten die 6. Größenklasse. Man spricht nach alter Gewohnheit von Sternen 1., 2., 3., 4., 5., 6. *Größe*, meint aber damit die *Helligkeit*, nicht etwa die räumliche Größe der Sterne! Diese alten Größenklassen sind auch heute noch das Gerippe unserer Helligkeitseinteilung. Als man nämlich dazu überging, die Sternhelligkeiten mit Hilfe von Photometern (Lichtmeßinstrumenten) zu messen und nach einer festen Helligkeitsskala zu rechnen, richtete man die „Stufe" der Skala so ein, daß sie mit der Größenklasse der historischen Skala übereinstimmt. Es hat sich dabei herausgestellt, daß der Helligkeitsunterschied von einer Größenklasse ein Intensitätsverhältnis von 2,5 bedeutet, daß also z. B. ein Stern 1. Größe uns 2,5mal so viel Licht gibt wie ein Stern 2. Größe, ein Stern 2. Größe wieder 2,5mal so viel wie ein Stern 3. Größe usw. Daraus folgt, daß wir von dem Stern 1. Größe $2,5 \times 2,5 = 6,25$mal so viel Licht erhalten wie von dem Stern 3. Größe. Wenn man diese Rechnung fortsetzt, kommt man bald zu der Feststellung, daß bei einem Größenunterschied von fünf Größenklassen das Licht des helleren Sterns etwa 100mal so stark ist wie das des schwächeren; 10 Größenklassen bedeuten ein Verhältnis 10 000 : 1. Diese Bedeutung der „Größen" müssen wir für unsere späteren Betrachtungen im Gedächtnis behalten. Um eine Beziehung zu bekannten Dingen zu haben, wollen wir uns merken, daß eine 100 Watt-Birne in 10 km Entfernung uns als Stern erster Größe erscheint.

Wir bezeichnen die Helligkeit nicht mehr durch Angabe der Größenklasse, in die ein Stern gehört, sondern durch eine Zahl, genau so, wie wir die Zimmertemperatur als Zahl vom Thermometer ablesen. Es gibt Sterne der Größen 1,0; 2,0; 3,0; 4,0; 5,0; 6,0. Jeweils in der Mitte dazwischen liegen die Sterne von der Größe 1,5; 2,5; ... 5,5, und es gibt auch Sterne von der Größe 1,1; 1,2; 1,3 ... 1,7; 1,8; 1,9 usw. Bei ganz genauen Messungen kommt auch der hundertste Teil der

Größenklasse noch zur Geltung, wodurch dann Angaben wie
1,73 oder 5,69 zustande kommen.

Wir haben übrigens keine Ursache mehr, bei der 6. Größe
stehenzubleiben. Wir können unsere Skala beliebig weit fortsetzen und müssen es ja auch, weil die große Masse der Sterne
viel schwächer ist. Die größten Fernrohre führen uns heute
unter die 20. Größe hinunter, und da liegt das eine, nicht
endgültige Ende unserer Größenskala. Das andere liegt aber
auch nicht bei 1,0, denn es gibt auch einige Fixsterne, die
heller sind. Die Bezeichnung geht da ebenso weiter wie beim
Thermometer: 1,0; 0,9; 0,8 ... 0,1; 0,0; —0,1; —0,2 ...
—1,0 usw. (ein Stern von der Größe —1,0 ist also um
2 Größenklassen heller als ein Stern von der Größe 1,0). Sehr
weit brauchen wir die Skala nach dieser Seite nicht fortzu-
setzen, denn Sirius, der hellste Fixstern, hat die Größe —1,6.
Wenn wir aber später einmal auf Größenangaben wie —5
oder —10 stoßen sollten, dann wissen wir, wie sie in unsere
Skala hineingehören; wir verstehen auch, daß die Helligkeit
des Vollmondes in Größenklassen —12, die der Sonne —27
ist. Die Helligkeiten der bekanntesten Sterne sind bereits in
dem Verzeichnis auf S. 16 enthalten.

Helligkeitsmessungen am Fernrohr.

Wir haben Wert darauf gelegt, daß unsere Helligkeitsskala
auf *Messungen* beruht, die die genaue Innehaltung der „Stufen" gewährleisten. Wir müssen uns nun also auch darum
kümmern, wie man solche Messungen anstellt. Unser Platten-
verfahren ist nicht sehr bequem, manchmal wäre es sogar
unbrauchbar. Es kommt doch darauf an, zwei Sterne miteinander zu vergleichen, zu sagen, wann sie gleich hell sind. Das
geht sehr gut, wenn sie nahe beieinander stehen, weil wir dann
leicht mit dem Auge zu dem zweiten kommen können, bevor
wir den Eindruck des ersten vergessen haben; es wird aber
schon recht schwierig, wenn wir zwei Sterne vergleichen sollen,
die in entgegengesetzten Himmelsgegenden liegen. Vor allem
muß aber unser Verfahren für die Fernrohrbeobachtung passen, da doch die große Menge der Sterne nur mit Fernrohren

zu sehen ist. Wir müssen also unsere „Stufen“ oder etwas, was ihnen entspricht, im Fernrohr unterbringen. Wie man das in der Praxis macht, zeigt uns die Abb. 31. Das Fernrohrobjektiv vereinigt das von dem Stern, den wir gerade beobachten, kommende Licht in einem leuchtenden Punkte in seiner Brennebene. An der Seite des Fernrohrs bringen wir einen kurzen Stutzen an und an dessen Ende eine kleine Glühbirne. Eine Linse in dem Stutzen sorgt dafür, daß auch von der Glühbirne ein Bild entsteht. Damit das auch in der Brennebene des Fernrohrobjektivs liegt, setzen wir eine schräge Glasplatte in das Fernrohr, die die von der Glühbirne kommenden Strahlen in die richtige Richtung wirft. Daß ein Teil des künstlichen Lichts durch die Platte hindurch geht und andererseits ein Teil des von dem Stern kommenden Lichts nicht hindurch geht, sondern nach der Seite geworfen wird, braucht uns nicht zu stören. Wir sehen so, wenn wir in das Okular des Fernrohrs hineinsehen, zwei Sterne nebeneinander, den natürlichen und einen künstlichen, und zwar so bequem nebeneinander, wie wir es sonst so leicht nicht treffen werden.

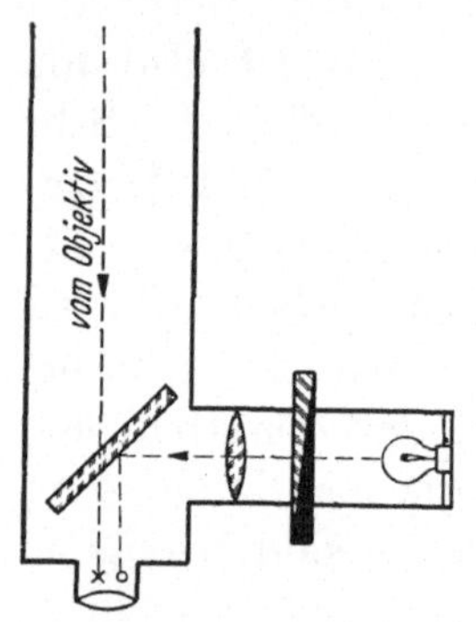

Abb. 31. Fernrohr mit Photometer (schematisch).

Der Vergleich mit dem künstlichen Stern scheint zunächst keinen rechten Sinn zu haben. Wenn wir aber in derselben Weise auch einen zweiten und noch einen dritten Stern an den künstlichen „angeschlossen“ haben, dann wissen wir dadurch auch, in welchem Helligkeitsverhältnis zueinander die drei natürlichen Sterne stehen, und das ist der Sinn des Verfahrens. Der künstliche Stern bildet nur die Brücke von einem Stern zum anderen und macht uns von unserem in dieser Hinsicht nicht sehr tüchtigen Gedächtnis unabhängig. Wir müssen nun aber auch noch versuchen, unsere festen Stufen einzubauen, damit wir beim Vergleich der Sterne nicht wieder auf unsere persönlichen Schätzungen angewiesen sind. Es gibt dafür eine sehr einfache und leicht zu handhabende Vorrichtung: den dunklen Keil. In unserer Abb. 31 sitzt in dem Stutzen eine

Glasplatte, die aus zwei keilförmigen Teilen zusammengesetzt
ist: der eine ist aus durchsichtigem, der andere aus undurch-
sichtigem Glas. Diese Platte (kurzweg Keil genannt, weil es
für die Lichtmessung nur auf den undurchsichtigen Keil ankommt) kann (in der Abb. von oben nach unten) verschoben
werden. Je nach der Stellung des Keils, die an einem Milli-
metermaßstab abgelesen werden kann, muß das von der Glühlampe kommende Licht einen mehr oder weniger langen Weg
durch das dunkle Glas machen und kommt dementsprechend
schwächer oder heller in der Brennebene des Fernrohrs an.
Unsere Lichtmessung geht deshalb so vor sich, daß wir den
Keil, wenn der natürliche und der künstliche Stern zunächst
verschieden hell sind, so lange verschieben, bis der künstliche
Stern, der ja dabei seine Helligkeit ändert, genau so hell erscheint wie der natürliche. Das machen wir bei jedem Stern,
dessen Helligkeit wir messen wollen, und bei jedem merken
wir uns die Ablesung auf der Millimeterskala. Die Unterschiede der Keilstellung geben uns die Helligkeitsunterschiede
der Sterne an, in dem dafür üblichen Maß der Größenklassen
allerdings erst dann, wenn wir das Übersetzungsverhältnis von
Millimetern in Größenklassen für den benutzten Keil festgelegt
haben. Das ist eine besondere und sehr wichtige Aufgabe, die
sich lösen läßt, indem man Sterne mißt, deren Helligkeitsunterschiede schon bekannt sind, oder auch eine Lichtquelle
im Laboratorium, deren Helligkeit man in einer sicher meß-
baren Art verändern kann (z. B. durch Änderung des durch
die Lampe gehenden Stroms oder durch Änderung einer Öffnung, durch die das Licht gehen muß).

Augen, die besser sehen als die natürlichen.

Das Keilphotometer ist nicht das einzige zur Lichtmessung
verwendete Instrument, es konnte uns aber am besten dazu
dienen, den Charakter solcher Messungen kennenzulernen. Die
verschiedenen Vorrichtungen der Photometer dienen dazu, die
günstigsten Bedingungen für die Beobachtungen zu schaffen,
das entscheidende Urteil über die erreichte Gleichheit der
Helligkeit hat aber doch schließlich das Auge abzugeben.

Unser Auge ist ein außerordentlich leistungsfähiges Organ; es ist aber für die Bedürfnisse des praktischen Lebens eingerichtet und nicht für astronomische Messungen. Und so können wir uns nicht wundern, daß es nicht ganz die Genauigkeit der Helligkeitsunterscheidung besitzt, die wir für manche Fragen brauchen. Für Messungen von größter Genauigkeit wird deshalb das natürliche Auge durch ein künstliches ersetzt, durch eine „lichtelektrische Zelle" (Abb. 32). Das ist eine Glaskugel, sozusagen ein „Glasauge", in dem sich als „Netzhaut" eine sehr dünne Schicht eines bestimmten Metalls befindet (es kommen in Betracht: Kalium, Natrium, Cäsium, Lithium, Rubidium). Diese Metallschicht ist mit einem Elektrometer verbunden. Solange die Zelle im Dunkeln ist, ereignet sich gar nichts, die Blättchen des Elektrometers hängen schlaff herunter. Sobald aber aus dem Fernrohr Licht auf die „Netzhaut" fällt,

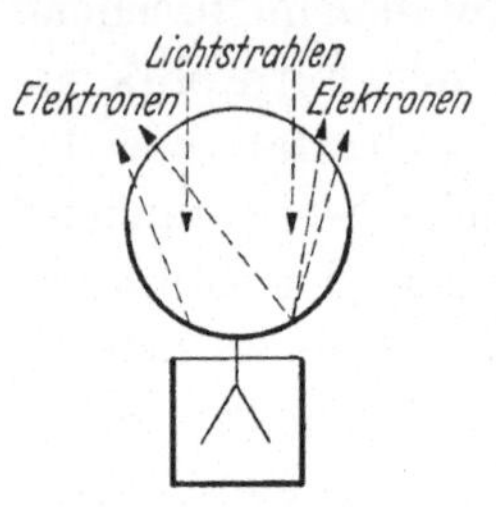

Abb. 32. Wirkungsweise einer lichtelektrischen Zelle (schematisch).

strömen Elektrizitätsteilchen (Elektronen) von ihr fort, und da nur negative Elektrizität wegströmt, bleibt ein Überschuß von positiver Elektrizität übrig, und die Elektrometerblättchen schlagen auseinander (weil sie beide positiv geladen sind und sich abstoßen). Die Menge der ausströmenden Elektrizität entspricht genau der Intensität des auffallenden Lichtes. Man mißt also die Helligkeitsunterschiede mit dem Elektrometer und erreicht dabei eine zehnmal so große Genauigkeit wie mit dem anderen Photometern. In so einfacher Gestalt, wie wir sie geschildert haben, darf man die Apparatur allerdings nicht verwenden, wenn man dieses Ziel erreichen will.

Photographische Helligkeitsmessungen.

Auch auf den photographischen Aufnahmen des Himmels läßt sich die Helligkeit der Sterne bestimmen. Es ist ja ein Grundzug der Abbildung auf der photographischen Platte, daß helle Gegenstände schwärzer erscheinen als dunkle. So erscheint auch ein heller Stern auf der Platte als ein schwärzerer Klecks als ein schwächerer Stern. Es tritt aber noch ein anderer Unterschied auf: der hellere Stern gibt einen *größeren* Klecks. Das ist nicht selbstverständlich, sondern sogar etwas sonderbar. Denn die Fixsterne sind für das Fernrohrobjektiv allesamt unendlich weit entfernte leuchtende Punkte, und die Lichtkegel der einzelnen Sterne treffen die Platte in kleinen Kreisen, die bei hellen und schwachen Sternen gar nicht so verschieden groß sind. Das starke Anwachsen der Bilddurchmesser bei großer Helligkeit des auftreffenden Lichtes oder bei längerer Belichtung kommt erst in der photographischen Schicht zustande und hat zur Folge, daß eine Himmelsaufnahme aussieht wie eine Sternkarte, auf der man die Sterne je nach ihrer Helligkeit verschieden groß zeichnet.

Um Helligkeiten zu messen, haben wir infolge dieser Erscheinung nur die Durchmesser der Bilder, also Längen, zu messen, und das ist sehr bequem. Größere Genauigkeit erreicht man allerdings, wenn man die Schwärzung der Bilder, also die Dichte des Silberniederschlags, mißt. Das ist eine ähnliche Aufgabe wie die Messung der Helligkeit der Sterne am Himmel und wird daher auch mit ähnlichen Apparaten ausgeführt.

Es gibt verschiedenartige Helligkeiten!

Es steht uns also eine ausreichende Auswahl von Hilfsmitteln zur Verfügung, wenn wir Sternhelligkeiten bestimmen wollen, und es kommt scheinbar nur darauf an, in jedem Falle den genauesten und bequemsten Weg einzuschlagen. Wenn wir uns in diesem Glauben an die Arbeit machen, erleben wir aber bald sehr merkwürdige Überraschungen. Welcher Art die sind, lehren uns die beiden Teilbilder der Abb. 33, die das Sternbild Orion einmal so zeigen, wie das Auge es sieht (man nennt das „visuelle" Helligkeiten), und daneben so, wie es auf einer gewöhnlichen (nicht panchromatischen) photographischen Platte erscheint. Der Unterschied der beiden Bilder springt in die Augen. Der Stern links oben (α Orionis, Beteigeuze) ist für das Auge erheblich heller als der rechts oben (γ Orionis), er ist beinahe ebenso hell wie β (Rigel) rechts unten. Auf dem „photographischen" Bild dagegen ist α bei weitem der schwächste von den dreien.

Stern	Visuelle Größe	Photographische Größe
α Orionis	0,9	2,3
β ”	0,3	0,3
γ ”	1,7	1,5

Was wir hier gefunden haben, ist keine Besonderheit dieser Sterne, sondern stellt sich überall heraus, wo wir Helligkeiten

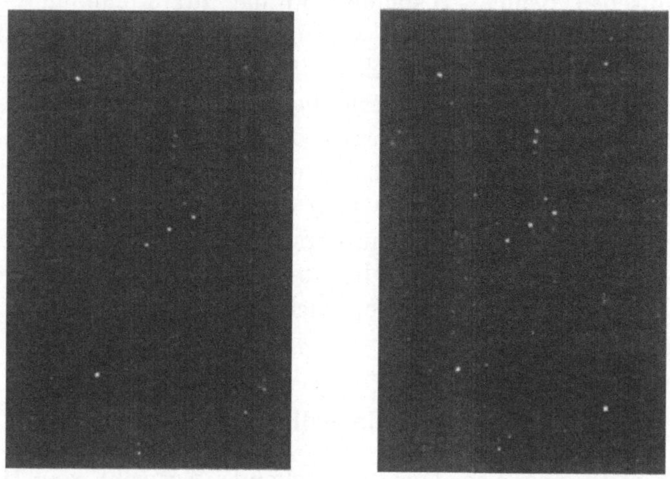

Abb. 33. Das Sternbild Orion, mit einer Kleinbildkamera aufgenommen, links auf panchromatischem, rechts auf rotunempfindlichem Film.

nebeneinander visuell und photographisch messen: wir kommen auf diesen beiden Wegen nicht immer zu demselben Ergebnis. Die Platte *sieht* offenbar *anders* als unser Auge, es fragt sich nur noch, in welcher Hinsicht. Von der Photographie des täglichen Lebens her ist uns bekannt, daß die Farben der Gegenstände durch die Platte anders vermittelt werden als durch das Auge. Alles, was blau oder violett ist, wird zu hell (im Abzug, auf der Platte zu schwarz), und alles Gelbe und besonders alles Rote erscheint zu dunkel. Das Auge ist am empfindlichsten für gelbes Licht, die photographische Platte reagiert am stärksten auf blaues und violettes Licht. Da es uns meistens darauf ankommt, Bilder zu erhalten, die unserer gewöhnlichen Auffassung entsprechen, photographieren wir heute mit Platten und Filmen, die durch besondere Verfahren auch für gelbes und rotes Licht empfindlich gemacht sind. Auch bei Himmelsaufnahmen benutzt man solche Emulsionen, z. B. um visuelle Helligkeiten photographisch zu bestimmen; wenn wir aber von photographischer Helligkeit sprechen, meinen wir die Helligkeit auf gewöhnlichen, für Blau und Violett empfindlichen Platten.

Ist das Licht der Sterne farbig?

Diese Erfahrungen geben uns also eine Erklärung dafür, daß zwei Sterne, die unser Auge für gleich hell erklärt, auf der photographischen Platte verschieden hell sein können, wenn es Sterne *von verschiedener Farbe* gibt. Wer den Himmel nur oberflächlich kennt, wird davon nichts wissen wollen, sondern alle Sterne als „weiß" im Gedächtnis haben. Er nehme sich also einmal etwas mehr Zeit und vergleiche die gerade sichtbaren hellen Sterne in aller Ruhe miteinander. Wenn der Orion gerade am Himmel ist (im Winter), können uns die vorhin angeführten Sterne wieder als Beispiel dienen. Man vergleiche α und β Orionis miteinander! Wer nicht gerade farbenblind ist, muß sofort sehen, daß β wirklich weiß, α aber rot ist, wenn auch nicht gerade so rot wie die Sperrfarbe der Eisenbahnsignale und Verkehrsampeln; weiß ist auch links unten (vom Orion aus) der Sirius (im Großen Hund), rötlich dagegen rechts oben Aldebaran (im Stier). Am Sommerhimmel sind z. B. Wega (in der Leier), Deneb (im Schwan), Atair (im Adler), die Sterne des langgestreckten Dreiecks, mehr oder weniger weiß, Arktur (im Bootes) und Antares (im Skorpion) rot oder mindestens gelb. Wenn sich jemand finden sollte, der unsere weißen Sterne für blau, die gelben für weiß erklärt und für die von uns tiefrot genannten höchstens ein schwaches Gelb zugibt, so können wir ihm nur sagen, daß er besser sieht als wir anderen. Wenn die Sterne größere Flächen wären (wie der Mond oder auch wie Jupiter, Saturn und

Mars im Fernrohr), dann würden wir alle ihre Farben so
sehen, aber bei der Beurteilung schwach leuchtender Punkte
verschiebt sich unsere Farbenskala ins Rot hinein.

Endgültige Klärung des Begriffs „Helligkeit".

Es ergibt sich aus diesen Erfahrungen, daß wir nicht einfach von einer „Helligkeit" der Sterne sprechen können. Jeder
Fixstern sendet Strahlung von einer bestimmten Stärke aus,
die wir als seine Helligkeit bezeichnen könnten, wenn wir in
der Lage wären, sie zu messen. Das können wir aber nicht.
Die Strahlung muß erst allerlei durchmachen, bis sie schließlich von uns aufgefangen und gemessen wird. Auf dem langen Wege vom Stern bis zur Erde bleibt sie ziemlich unbehelligt; dann muß sie aber durch den Luftmantel der Erde hindurch und durch die Linsen des Fernrohrs und des Auges,
um schließlich auf einer photographischen Schicht oder auf
dem Metallbelag einer lichtelektrischen Zelle oder auf der
Netzhaut zur Geltung zu kommen. Überall wird etwas von der
Strahlung verschluckt, und wenn wir auch darauf verzichten,
in jedem Falle die Intensität der Strahlung vor ihrem Eintritt
in die Erdatmosphäre zu errechnen, so müssen wir doch
wenigstens alle Helligkeiten so angeben, wie sie unter verab-
redeten Normalbedingungen zu messen wären. Man gibt deshalb stets Zenithelligkeiten an, also die Helligkeiten, die die
Sterne hätten, wenn sie genau über dem Beobachter ständen,
ihr Licht also senkrecht durch die Atmosphäre ginge (wobei
es den geringsten Verlust erleidet).

Störender, als daß überhaupt Licht verschluckt (absor-
biert) wird, ist, daß diese Absorption nicht gleichmäßig in
allen Farben erfolgt, so daß Sterne, die im Zenit gleich hell
erscheinen, in der Nähe des Horizontes ungleich werden, wenn
sie von verschiedener Farbe sind, und daß bei jedem Stern
die photographische Helligkeit bei der Annäherung an den
Horizont mehr abnimmt als die visuelle, weil der Stern roter
wird. Diese Unterschiede, die bei Beobachtungen dicht über
dem Horizont mehrere Größenklassen ausmachen, müssen
durch Versuche und Überlegungen festgestellt und dann bei

56

der Überführung der Beobachtungen auf die Normalbedingungen in Rechnung gesetzt werden. Wenn wir dann wirklich
nach solchen Mühen zu einheitlichen Zenithelligkeiten gekommen sind, bleibt aber immer noch die Verschiedenheit der
Helligkeiten bestehen, die wir vorhin aufgedeckt haben. Je
nach den Mitteln, mit denen wir die Strahlen aufnehmen und
messen, kommen wir zu verschiedenen Helligkeiten. Jedes
unserer Aufnahmeorgane (Auge, Platte, Zelle) verwertet nämlich nur einen Teil der auffallenden Strahlung, wie es die
Empfindlichkeitskurven der Abb. 34 zeigen, und daraus ergeben sich etwas schwierige Verhältnisse, die wir uns wenigstens einigermaßen klarmachen wollen. Nehmen wir einmal

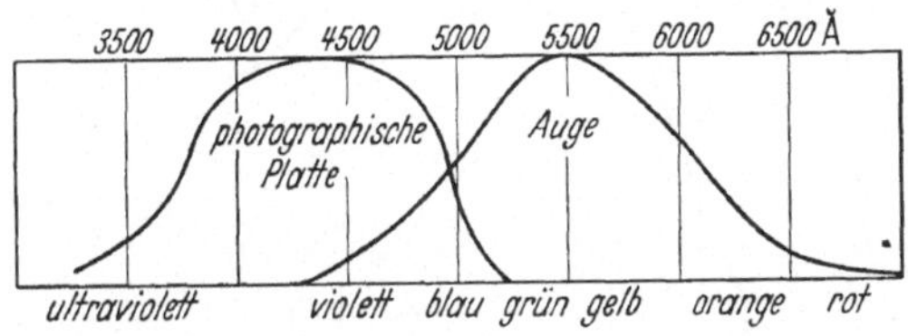

Abb. 34. Empfindlichkeitskurven für das Auge und die rotunempfindliche
Platte. Die Höhe der Kurve über der Grundlinie gibt die Empfindlichkeit an.

an, daß wir zwei Sterne von ganz gleicher Farbe miteinander
vergleichen. Die Strahlung dieser Sterne setzt sich aus allen
möglichen Farben zusammen, die Verteilung auf die einzelnen
Farben ist aber bei beiden Sternen dieselbe, denn sonst könnte
die Gesamtfarbe nicht dieselbe sein. Ist nun der eine der beiden Sterne dreimal so hell wie der andere, so ist auch der auf
jede Farbe entfallende Anteil an der Strahlung dreimal so
groß, und was das Auge davon verwertet, ist ebenfalls bei
jeder Farbe und im ganzen bei dem helleren Stern dreimal soviel wie bei dem schwächeren. Genau so ist es aber auch bei
der photographischen Platte. Auch sie zeigt, da ihr der
zweite Stern dreimal soviel in jeder Farbe bietet wie der erste,
dreimal soviel Strahlung an. Wir messen also in jedem Falle
richtige Helligkeiten und können sie auch, wenn wir wollen,
übereinstimmend bezeichnen, so daß ein Stern von der visuellen Helligkeit 8,0 auch die photographische Helligkeit 8,0 hat,
ein Stern von der visuellen Helligkeit 10,0 auch die photogra

phische Helligkeit 10,0 usw. Und wenn wir das bei *weißen* Sternen gemacht haben, dann sind wir sogar im Einklang mit den Abmachungen der Astronomen. Wenn wir aber neben dem weißen Stern von der Helligkeit 8,0 einen roten Stern haben, den das Auge für gleich hell erklärt, so sieht er auf der Platte gar nicht ebenso groß und ebenso schwarz aus wie der weiße Nachbar, sondern erscheint beträchtlich schwächer, beinahe so schwach wie ein weißer Stern 10. Größe. Warum das so ist, können wir aus der Kurve der Abb. 35 ablesen. Auf der Grundlinie der Abbildung sind die Farben angegeben, und

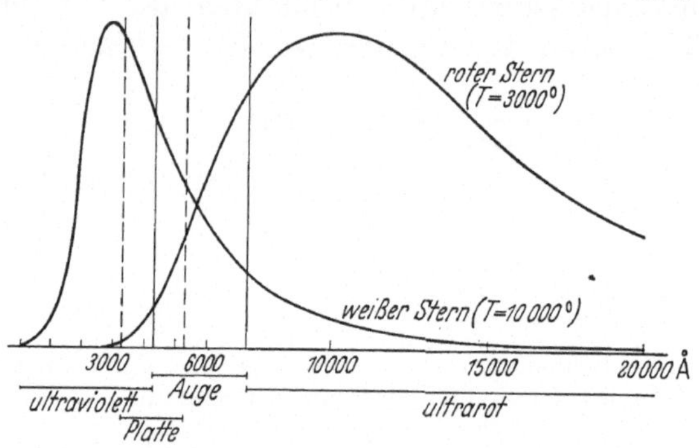

Abb. 35. Strahlungsverhältnisse eines weißen und eines roten Sterns, die dem Auge gleich hell erscheinen.

zwar in einer Zahlenreihe, deren Bedeutung wir später kennenlernen werden. Wieviel Strahlung bei jedem der beiden Sterne auf die einzelnen Farben entfällt, wird durch die Höhe der Kurve über der Grundlinie angegeben. Man sieht sofort, daß der weiße Stern am stärksten im Ultraviolett strahlt, der rote Stern dagegen im Ultrarot. Auch die Gesamtstrahlung läßt sich aus der Abbildung entnehmen: sie wird dargestellt durch die Fläche, die von der Kurve und der Grundlinie eingeschlossen wird. Und der Anteil an der Strahlung, der vom Auge oder von der Platte verwertet wird, ist der Flächenteil, der zwischen den beiden ausgezogenen (oder gestrichelten) senkrechten Linien liegt, die die entsprechenden Farbenbereiche einschließen. In dem durch die Abbildung dargestellten Beispiel sind die für das Auge in Betracht kommenden Flächen für beide Kurven gleich groß, die beiden Sterne sind daher für das Auge gleich hell. Man sieht aber auf den ersten Blick, daß im photographischen Bereich (zwischen den gestrichelten Linien) der weiße Stern eine viel größere Fläche liefert, weil seine Intensitätskurve dort sehr hoch liegt, während die des roten Sterns sich dort schon der Grundlinie (dem Wert Null) nähert. Die Platte nimmt von dem weißen Stern viermal soviel Strahlung auf wie von dem roten, und das bedeutet, wenn wir Intensitätsverhältnisse in Helligkeiten umrechnen, daß der rote Stern photographisch $1\,^1/_2$ Größenklassen schwächer ist als der weiße Stern.

Es ist uns nun klar, warum unsere photographischen Helligkeiten anders ausfallen müssen als die visuellen, und für die lichtelektrischen Helligkeiten könnten wir dieselben Überlegungen machen. Bei der Betrachtung der Abb. 35 drängt sich aber eine ganz andere Frage in den Vordergrund: Warum messen wir denn nicht die *Gesamt*strahlung, die doch gerade bei dem roten Stern so auffällig groß ist? Nun, möglich ist das auch, es ist aber sehr viel schwieriger und deswegen erst in der letzten Zeit auf Fixsterne anwendbar geworden. Die Möglichkeit beruht darauf, daß alle Strahlung, mag sie für das Auge oder die photographische Platte wahrnehmbar sein oder nicht, überall, wo sie verschluckt wird, in Wärme umgewandelt wird. Es gilt also, Vorrichtungen zu erfinden, die möglichst die ganze Strahlung absorbieren und dann auf irgendeine Weise anzeigen, wieviel Wärme entstanden ist, also sozusagen Thermometer, mit denen wir die Temperatur der Sterne messen können. Das klingt vielleicht etwas sonderbar, sagt aber genau das, was wir vorhaben.

Ein kühner Versuch: die „Wärme" der Sterne mit dem Thermometer zu messen.

Wir können ja einmal versuchen, ob wir nicht unsere Absicht mit einem gewöhnlichen Quecksilberthermometer verwirklichen können. Was zeigt uns denn ein solches Instrument an? Wenn wir dem Quecksilber (in der Kugel des Thermometers) Wärme zuführen, dann braucht das Quecksilber mehr Platz als vorher, es muß mehr Quecksilber als vorher aus der

Kugel in das Thermometerrohr übertreten, und der Queck-
silberfaden, dessen Ende uns die Temperatur angibt, wird länger. In den Fällen, in denen wir Thermometer zu verwenden
pflegen, geht die Wärme aus dem Stoff, der die Thermometerkugel umgibt, unmittelbar (durch „Leitung") auf das
Quecksilber über (z. B. aus der Luft oder aus dem Wasser, in
die wir das Thermometer gehängt haben). Daß aber auch
Wärme als Strahlung in das Quecksilber eintreten kann, sehen
wir daran, daß ein Thermometer, dessen Kugel von der
Sonne beschienen wird, höhere Temperaturen anzeigt als ein
Thermometer, dessen Kugel gegen direkte Bestrahlung ge-
schützt ist (Temperatur „in der Sonne" und „im Schatten").
Wir können die Wirkung der Strahlung noch beträchtlich
steigern, wenn wir die an und für sich blanke Kugel des
Thermometers mit Ruß überziehen, damit sie möglichst wenig
Strahlung zurückwirft und möglichst viel verschluckt und in
Wärme verwandelt an das Quecksilber weiterleitet. Wir können
sogar erreichen, daß wir nur die Wirkung der Strahlung
messen und die Wärmeleitung zwischen dem Quecksilber und
der Umgebung unterbinden, indem wir das ganze Thermometer in eine luftdichte Glasröhre setzen und aus dieser die
Luft herauspumpen (Prinzip der Thermosflasche).

Solche und ähnliche Thermometer sind für die Messung
der Sonnenstrahlung im Gebrauch, und es spricht zunächst
nichts dagegen, auch die Sternstrahlung damit zu messen. Da
die Strahlung, die wir von Fixsternen erhalten, sehr viel schwächer ist als die Sonnenstrahlung, werden wir allerdings an eine
Verfeinerung unserer Arbeitsweise denken müssen. Wir werden nicht einfach das Licht eines Sterns auf die berußte Thermometerkugel fallen lassen, sondern ein Fernrohr zu Hilfe
nehmen und die Thermometerkugel in den Brennpunkt des
Objektivs oder des Spiegels setzen, damit die sehr viel größere
Strahlungsmenge ausgenutzt wird, die durch die große Öffnung des Fernrohrs aufgenommen wird. Wir werden auch ein
Thermometer mit einer recht kleinen Quecksilberkugel nehmen, weil eine kleine Quecksilbermenge natürlich durch eine
bestimmte Wärmezufuhr mehr erwärmt wird als eine große.
Wir können uns noch manche Verfeinerung ausdenken, aber

wir werden leider nicht dahin gelangen, mit einem Quecksilberthermometer die Strahlung eines Fixsterns nachzuweisen.
Die direkt auffallende unverstärkte Sonnenstrahlung kann ein
Steigen des Quecksilberfadens um 30° über die Lufttemperatur
hervorrufen, der hellste Fixstern bringt auch mit Hilfe des
großen Mount Wilson-Spiegels unser Thermometer nicht um
ein Tausendstel eines Grades höher. Zur Messung so geringer
Wärmemengen müssen wir uns also ein andersartiges Wärme-
meßgerät anschaffen, das einer für diesen Zweck ausreichen-
den Verfeinerung fähig ist. Es gibt mehrere solche Instrumente (Bolometer, Radiometer), wir wollen uns nur eins
davon näher ansehen, das Thermoelement, das mit großem Er-
folge auf Fixsterne angewendet worden ist.

Das Thermoelement ist ein elektrisches Thermometer. Es
besteht aus zwei Drahtstücken aus verschiedenem Metall

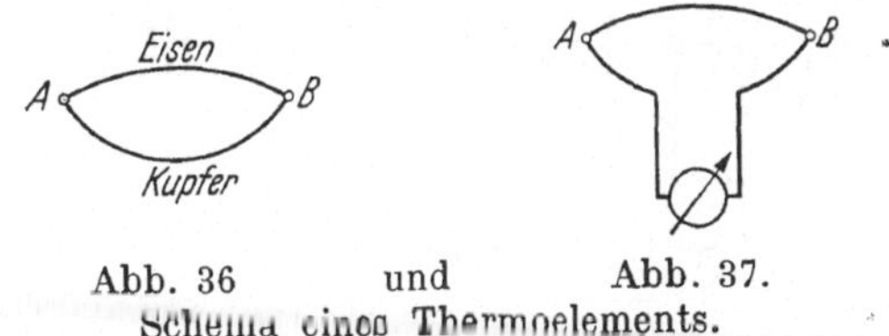

Abb. 36   und   Abb. 37.
Schema eines Thermoelements.

(z. B. Eisen und Kupfer), deren Enden zusammengedreht oder
verlötet sind (Abb. 36). Wenn wir bei einem solchen Draht-
paar die eine Verbindungsstelle erwärmen (A in der Abbildung), so fließt ein elektrischer Strom durch den Drahtkreis.
Würden wir die andere Verbindungsstelle B erwärmen, so
würde der Strom in der umgekehrten Richtung fließen. Ge-
fährlich sind die Ströme nicht, die wir auf diese Weise hervorbringen; selbst bei der günstigsten Wahl der beiden Metalle (Antimon und Wismut) ruft eine Erwärmung um 100°
nur eine elektromotorische Kraft (Spannung) von $1/_{100}$ Volt
hervor, während eine Taschenlampenbatterie doch schon eine
Spannung von 2 oder 4 Volt hat. Glücklicherweise ist es
aber möglich, so schwache Ströme sehr genau zu messen. Um
das dazu nötige Galvanometer in den Stromkreis einschalten
zu können (Abb. 37), müssen wir allerdings den einen der
beiden Drähte durchschneiden und seine Enden durch zwei

andere Drähte mit dem Galvanometer verbinden. Wir erhalten
so noch zwei „Lötstellen" mehr, die aber nicht stören, wenn
sie immer auf der gleichen Temperatur gehalten werden. Für
die astronomische Form des Thermoelements ist ausschlag-
gebend, daß die Fixsternstrahlung, die gemessen werden soll,
außerordentlich schwach ist. Die Lötstellen müssen so klein
und so dünn wie möglich sein, damit die geringe Wärme-
menge, die zugeführt wird, eine möglichst große Erwärmung
zustande bringt, und aus dieser Forderung ergeben sich die
Größenverhältnisse des ganzen Thermoelements. Bei den heute
verwendeten Thermoelementen sind die Drähte 0,03 mm dick
(der eine aus Wismut, der andere aus einer Legierung von
Wismut mit wenig Zinn), die Lötstellen werden zu ganz dün-

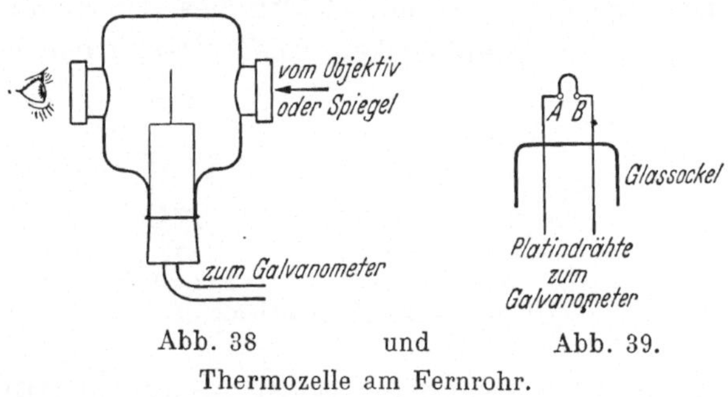

Abb. 38   und   Abb. 39.

Thermozelle am Fernrohr.

nen Metallscheiben von etwa $1/2$ mm Durchmesser breitgedrückt.
Ein solcher Empfänger, der durch einen besonders wirksamen
Ruß geschwärzt wird, wiegt nur den 30. Teil eines Milli-
gramms -- ein Wassertropfen wiegt tausendmal soviel wie das
ganze Thermoelement. Und obwohl man das Thermoelement
noch in ein luftleeres Gefäß setzt, damit die erzeugte Wärme
nicht durch die Luft wegströmen kann (daß sie durch die
Drähte wegfließt, läßt sich leider nicht verhindern), kommt
bei der stärksten Fixsternstrahlung nur eine Temperaturerhö-
hung von 15 Tausendsteln eines Grades zustande. Die Empfindlichkeit der Meßeinrichtung ist aber so groß, daß noch
Temperaturerhöhungen von einigen Millionsteln des Grades
gemessen werden können. Die Abb. 38 zeigt schematisch eine
Thermozelle im Strahlengang eines Fernrohrs. Wenn man

durch das hintere Fenster hineinsieht, sieht man das Thermoelement wie in Abb. 39 und hat nur dafür zu sorgen, daß das Bild des gemessenen Sterns hinter einer der Lötstellen A oder B verschwindet. In demselben Augenblick setzt sich der Zeiger des Galvanometers in Bewegung; den größten Ausschlag, den er erreicht, muß man ablesen oder photographieren. Wie bei sonstigen Helligkeitsmessungen kann man verschiedene Sterne miteinander und — wenn man das will — auch mit irdischen Strahlungsquellen vergleichen.

Wie wir uns von Abb. 35 her erinnern, haben wir für die Gesamtstrahlung wieder andere „Helligkeiten" zu erwarten als bei der visuellen und photographischen Beobachtung. Um das recht deutlich zu machen, sind in der folgenden Tabelle in jeder der drei Abteilungen die zehn „hellsten" Sterne aufgeführt, in der ersten nach der visuellen Größe, in der zweiten nach der radiometrischen Größe (Gesamtstrahlung). In der dritten Spalte sind die Sterne in die Reihenfolge gesetzt, die sie erhalten würden, wenn wir ihre Gesamtstrahlung außerhalb der absorbierenden Lufthülle der Erde messen könnten (berechnete bolometrische Größe).

Die zehn „hellsten" Sterne.

I		II		III	
Sirius	−1,6	Beteigeuze	−1,7	Sirius	−2,3
Canopus	−0,9	Antares	−1,3	Beteigeuze	−2,2
Alpha Centauri	+0,1	Sirius	−1,3	Antares	−1,8
Wega	+0,1	Canopus	−1,1	Beta Centauri	1,6
Capella	+0,2	Gamma Crucis	−1,0	Canopus	−1,6
Arktur	+0,2	Arktur	−1,0	Gamma Crucis	−1,5
Rigel	+0,3	Aldebaran	−0,6	Arktur	−1,4
Prokyon	+0,5	Alpha Centauri	−0,5	Achernar	−1,1
Achernar	+0,6	Capella	−0,4	Rigel	−1,1
Beta Centauri	+0,9	Mira Ceti	−0,2	Spica	−1,0

Wir werden diese Überlegungen bald in einer anderen Richtung weiterführen. Hier bezweckten sie die Klärung des Begriffs der Helligkeit, und wir wissen nun, daß die Vergleichung von Sternen miteinander in Helligkeiten gleicher Art erfolgen muß. Für Verzeichnisse, die den ganzen Himmel umfassen wie die großen Kataloge von Sternörtern, kommen nur visuelle und neuerdings vor allem photographische Helligkeiten in Frage. Die Bestimmung einwandfreier Helligkeiten ist jedoch noch schwieriger als die Bestimmung einwandfreier Örter; bei Helligkeitsbeobachtungen stören nicht nur die Wolken, sondern schon viel geringere Trübungen der Luft, die auf die Richtung der Lichtstrahlen keinen Einfluß ausüben. Die allgemeinen Verzeichnisse reichen deshalb nur bis zur siebenten oder achten Größenklasse, die in den Sternkatalogen angegebenen Helligkeiten schwächerer Sterne beruhen auf Schätzungen, die bei Gelegenheit der Ortsbestimmungen ausgeführt werden. In ausgewählten Feldern des Himmels reichen jedoch die Helligkeitsmessungen sehr viel weiter, in besonderen Fällen über die 20. Größenklasse hinaus.

Veränderliche Sterne.

Während uns die wiederholte Beobachtung bei den Örtern der Sterne zu der Erkenntnis führte, daß wir im Laufe der Zeit bei allen Sternen Ortsänderungen (Eigenbewegungen) zu erwarten haben, erweist sich die Helligkeit eines Sterns im allgemeinen als unveränderlich. Es gibt aber auch *veränderliche Sterne*. Einige Fälle von Veränderlichkeit lassen sich leicht beobachten. Da gibt es einen Stern im Perseus,

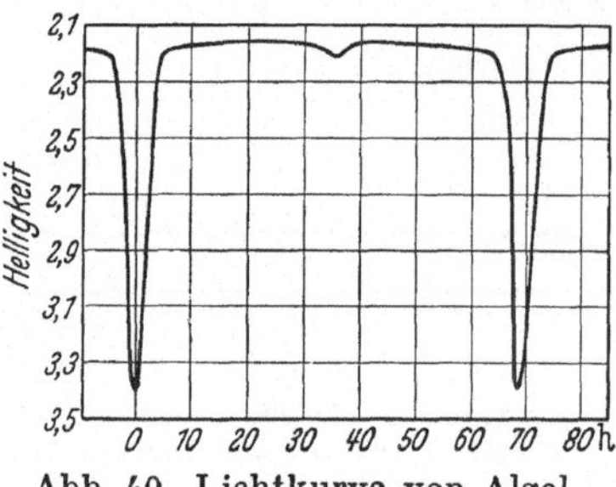

Abb. 40. Lichtkurve von Algol.

Algol, der für gewöhnlich nur wenig schwächer als der hellste Stern des Sternbildes, Algenib, ist. Von Zeit zu Zeit verblaßt er plötzlich. Nach nicht ganz 5 Stunden ist er um $1\frac{1}{2}$ Größenklassen, also ganz auffällig, schwächer als Algenib und nimmt dann sofort wieder an Lichtstärke zu, bis er nach abermals 5 Stunden seine normale Helligkeit wieder erreicht hat. Der ganze Vorgang dauert $9\frac{1}{2}$ Stunden und wiederholt sich pünktlich alle 69 Stunden. Wenn man Zeiten und Helligkeiten so aufzeichnet, wie es in Abb. 40 geschehen ist, erhält man ein anschauliches Bild des Lichtwechsels. Etwas mehr Ausdauer

64

erfordert die Beobachtung des am frühesten erkannten Veränderlichen Omikron Ceti, auch Mira Ceti (der wunderbare Stern im Walfisch) genannt. Der Lichtwechsel geht bei diesem Stern sehr langsam und unregelmäßig vor sich. Er erreicht seine größte Helligkeit ungefähr alle elf Monate. Der Betrag der Lichtschwankung ist aber sehr groß (bis 6 Größenklassen), so daß es selbst in dem etwas unscheinbaren Sternbild Walfisch auffällt, ob Mira sichtbar ist oder nicht. Die Abb. 41 gibt eine Lichtkurve von Mira Ceti wieder; es ist aber zu beachten, daß sie in anderen Jahren etwas anders aussehen kann.

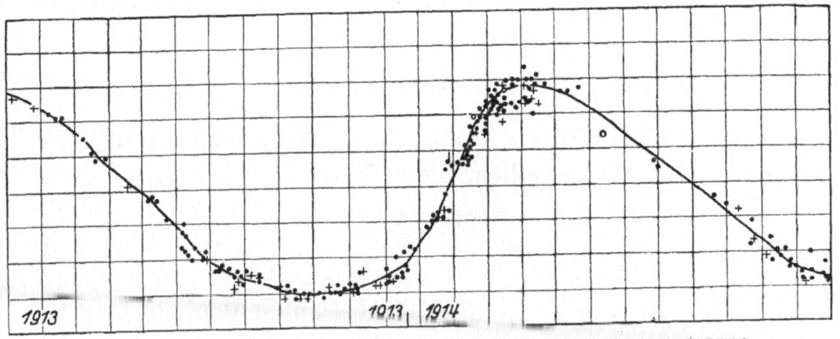

Abb. 41. Lichtkurve von Mira Ceti in den Jahren 1913 und 1914.
(Eine Quadratseite bedeutet auf der Grundlinie 20 Tage,
in der Höhe 1 Größenklasse.)

Man kennt heute mehrere hundert Veränderliche von der einen wie von der anderen Art, und es gibt auch noch andere Arten des Lichtwechsels; im ganzen sind mehrere tausend Sterne als veränderlich erkannt (soweit sie nicht helle Sterne sind, werden sie durch große lateinische Buchstaben vor dem Namen des Sternbildes bezeichnet). Die Festlegung der Lichtkurve ist nicht immer so einfach, wie es nach der bisherigen Schilderung scheinen könnte. Sterne lassen sich ja nur nachts beobachten und auch dann nur, wenn sie nicht gerade unter dem Horizont, sondern sogar ein ganzes Stück darüber stehen, und weiter nur dann — diese Bedingung ist in den meisten Gegenden sehr wichtig —, wenn sie nicht durch Wolken verdeckt sind. Daraus ergibt sich schon, daß man nicht den ganzen Lichtwechsel in einem Zuge beobachten kann, sondern

Beobachtungen, die zu ganz verschiedenen Zeiten und auch an verschiedenen Orten gemacht sind, zusammensetzen muß. Es ist in manchen Fällen langes Probieren nötig, bis sich die Beobachtungen zu einem Bilde zusammenfügen! Die Helligkeitsänderungen werden mit großer Genauigkeit beobachtet, weil man die Veränderlichen mit nahezu gleich hellen Sternen in ihrer nächsten Nachbarschaft vergleicht, von denen nach Möglichkeit einige etwas heller und einige etwas schwächer ausgewählt werden. Da in solchen engen Helligkeitsbereichen auch die Stufenschätzungen sehr genau und zuverlässig sind, bilden die veränderlichen Sterne das Arbeitsgebiet der Astronomie, zu dem die Liebhaberastronomen den größten Beitrag leisten.

Blinksterne als Meilensteine im Weltraum.

Einen sehr wichtigen Typus von Veränderlichkeit stellt die Abb. 42 dar. Wir wollen diese Veränderlichen *Blinksterne* nennen, weil sie wie ein Blinkfeuer in gleichbleibenden Zeitabständen kurz „aufblinken". Bei δ Cephei, dem am längsten und besten bekannten Stern dieser Art, beträgt die Zeit zwischen zwei Lichtgipfeln, die Periode des Lichtwechsels, $5^1/_3$ Tage, aber es kommen auch lange

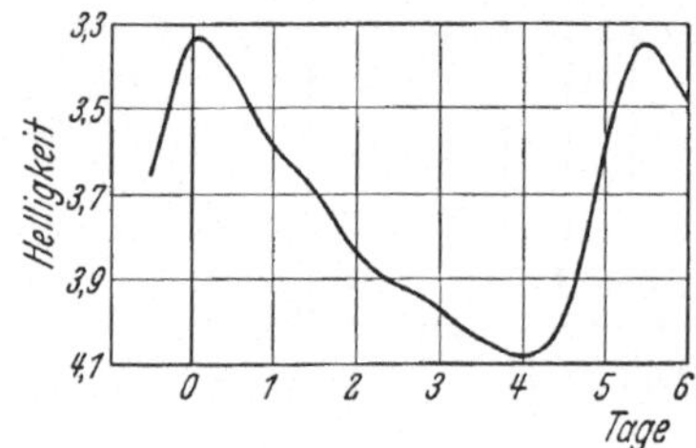

Abb. 42. Lichtkurve von δ Cephei.

Perioden bis zu 40 Tagen vor und in großer Zahl kurze Perioden von etwa $^1/_2$ Tag (der Stern mit der kürzesten Periode blitzt alle $1^1/_2$ Stunden auf). Es war ein Fund von großer Bedeutung, als man bei der Durchforschung der Magellanschen Wolken am Südhimmel, die dabei als benachbarte Sternsysteme erkannt wurden (S. 168), auf eine große Zahl solcher Blinkveränderlichen stieß. Es fiel bald auf, daß dort zu den hellen Sternen lange und zu den schwachen Sternen dieser Art kurze Lichtwechselperioden gehören. Wenn man alle diese Sterne so als Punkte in einen Rahmen einzeichnet, daß sie um so weiter rechts liegen, je kürzer die Periode ist, und um so höher, je größer die mittlere Helligkeit ist, dann ergibt sich ein lückenloser Zusammen-

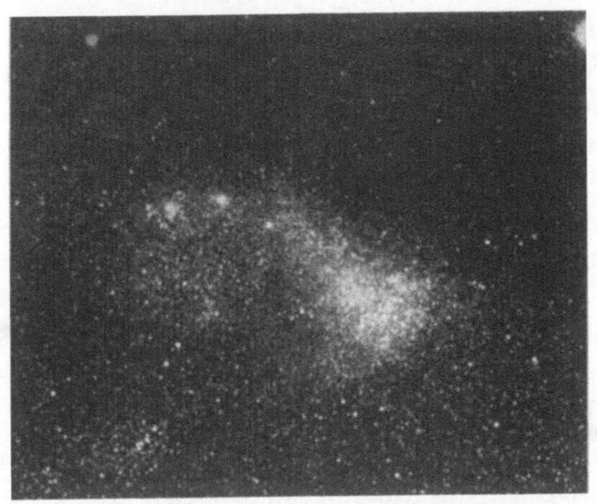

Abb. 43. Die kleinere der beiden Magellan'schen Wolken am Südhimmel. Am oberen Rande sind zwei kugelige Sternhaufen sichtbar, die uns sehr viel näher sind als die Sternwolke. (Aufnahme der Harvard-Station in Peru.)

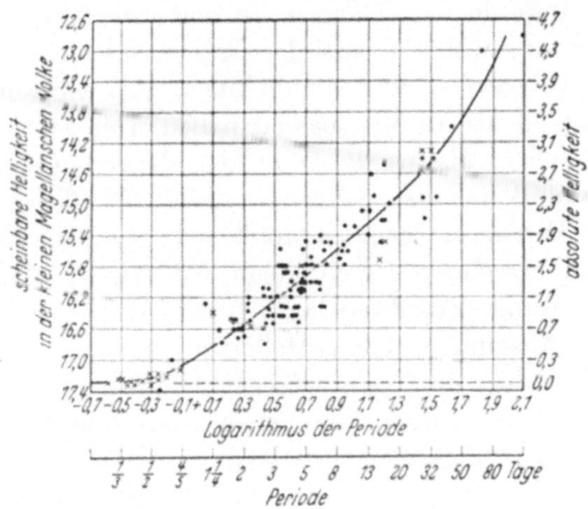

Abb. 44. Beziehungen zwischen der Periode und der Helligkeit bei den Blinksternen.

hang zwischen Helligkeit und Periodenlänge (Abb. 44). Wir müssen uns nun weiter überlegen, daß diese Sterne einem abgeschlossenen Sternsystem angehören, das wir aus großer Entfernung betrachten. Das besagt, daß sie alle ungefähr gleich weit von uns entfernt sind, daß also die Ordnung nach

scheinbarer Helligkeit die Sterne auch richtig in der Folge
ihrer wirklichen Helligkeit (oder Leuchtkraft) darstellt. Die
aufgefundene Beziehung deckt also einen physikalischen Zusammenhang zwischen zwei Eigenheiten jedes Sterns dieser
Art auf (zwischen der dauernd ausgesandten Lichtmenge und
der Periode, in der sie um einen gewissen Betrag schwankt),
und wir können wohl annehmen, daß dieser Zusammenhang
nicht eine Besonderheit der kleinen Magellanschen Wolke ist,
sondern überall besteht. Wo wir also einen Stern finden, der
Lichtschwankungen dieser Art zeigt, können wir, sobald wir
die Periode seines Lichtwechsels festgestellt haben, aus unserer Kurve in Abb. 53 die zugehörige Helligkeit entnehmen.
Damit wissen wir allerdings erst, wie hell unser Stern in der
kleinen Magellanschen Wolke wäre, und das nützt uns noch
nicht viel. Einiges können wir aber daraus doch schon schließen. Nehmen wir einmal an, der von uns gefundene Stern
habe eine Periode von 5 Tagen. In der Magellanschen Wolke
hätte er dann, wie wir aus der Kurve ablesen, die Helligkeit 16,0. Wir wollen weiter annehmen, daß wir seine scheinbare Helligkeit als 12,5 gemessen haben. Der Stern erscheint
uns also heller, als wenn er in der Magellanschen Wolke
stände, er muß uns also näher sein als die Wolke. Um wieviel
weiter die Wolke entfernt ist, muß sich aus dem Helligkeitsunterschied errechnen lassen, denn wir wissen, daß bei der
Lichtausbreitung dem doppelten Abstand der vierte Teil (dem
dreifachen Abstand $^1/_9$) der Helligkeit entspricht. Wenn wir
dazu noch berücksichtigen, wie wir Helligkeiten in Größenklassen ausdrücken, dann kommen wir auf eine Tafel, die uns
den Zusammenhang übersehen läßt:

Entfernung	Helligkeitsunterschied in Grössenklassen
2—fach	1,5
3—fach	2,4
4—fach	3,0
5—fach	3,5
10—fach	5,0
100—fach	10,0
1000—fach	15,0
10 000—fach	20,0
100 000—fach	25,0
1 000 000—fach	30,0

Hiernach hat der von uns beobachtete Stern nur $1/5$ der Entfernung der Magellanschen Wolke, und wir könnten seine Entfernung und die Entfernungen aller Blinksterne — auf Grund von Helligkeitsmessungen — angeben, wenn wir die Entfernung der kleinen Magellanschen Wolke kennen würden. Diese Strecke erweist sich jedoch als so groß, daß wir keine Aussicht haben, sie durch Messung der Parallaxe oder der Eigenbewegungen von Sternen der Wolke zu bestimmen. Wir sind daher gezwungen, einen Umweg einzuschlagen. Theoretisch würde es genügen, die Entfernung eines einzigen Blinksternes in unserer Nähe (durch Parallaxenmessung) zu bestimmen; durch den Unterschied seiner scheinbaren Helligkeit und der zu seiner Periode gehörenden Kurvenhelligkeit wäre die Entfernung der Wolke bereits festgelegt. Da uns aber leider kein Blinkstern hierfür nahe genug ist, müssen wir zu einer statistischen Bestimmung Zuflucht nehmen (S. 42) und versuchen, wenigstens für möglichst viele solche Sterne Eigenbewegungen zu messen. Das gibt uns in jedem einzelnen Falle einen sehr ungenauen Wert für die Entfernung des Sterns und damit auch der kleinen Magellanschen Wolke, durch die Vielheit der Bestimmungen aber schließlich einen zuverlässigen Wert für die Wolke: 95000 Lichtjahre.

Die Helligkeit ist also doch ein Maß der Entfernung.

Es wäre nicht bequem, in jedem Falle den Weg über die sehr ferne Magellansche Wolke zu machen, eine kleinere Normalentfernung wäre handlicher. Eigentlich ist ja das Lichtjahr unsere Normalentfernung, man hat aber für Helligkeitsbetrachtungen eine andere Strecke festgelegt: 33 Lichtjahre (genauer 32,6, zugehörige Parallaxe $1/10$ Bogensekunde). Wenn wir Sterne nach ihrer wirklichen Helligkeit (Leuchtkraft) miteinander vergleichen wollen, denken wir sie uns in diese Entfernung versetzt. Die Helligkeit, die sie dann für uns haben würden, nennen wir ihre *absolute Helligkeit*. Aus der absoluten (M) und der scheinbaren Helligkeit (m) läßt sich jederzeit die Entfernung berechnen, da sich der Unterschied zwischen beiden durch die Tafel auf S. 68 in ein Entfernungsverhältnis umwandeln läßt, das jetzt aber unmittelbar angibt, wieviel mal 33 Lichtjahre die Entfernung beträgt. Die Tafel verwandelt sich dadurch in eine andere, die noch nützlicher ist und deshalb etwas ausführlicher hergesetzt werden soll:

Helligkeit und Entfernung.

$m-M$	Entfernung (Lichtjahre)	$m-M$	Entfernung (Lichtjahre)
— 5	3	+ 11	5200
— 4	5	12	8100
— 3	8	13	13000
— 2	13	14	20000
— 1	20	15	33000
0	33	16	52000
+ 1	52	17	81000
2	81	18	130000
3	130	19	200000
4	205	20	326000
5	325	21	520000
6	520	22	810000
7	810	23	1 300000
8	1300	24	2 000000
9	2000	+ 25	3 260000
+ 10	3260		

Wir wollen diese Tafel zuallererst auf die · Blinksterne der Magellanschen Wolke anwenden. Zu ihrer Entfernung gehört ein m-M von 17,3 Größenklassen. Schreiben wir also an die Seitenkante unseres Diagramms (Abb. 44) lauter um 17,3 kleinere Zahlen, so gibt sie uns nun zu jedem Periodenwert die *absolute* Helligkeit des betrachteten Sterns. Der Unterschied zwischen dieser und der gemessenen scheinbaren Helligkeit führt durch eine kleine Rechnung (die hier durch die obige Tafel ersetzt ist) zur Kenntnis der Entfernung.

Die Blinksterne haben beim Übergang zu den fernsten Beobachtungsobjekten eine besondere Rolle gespielt (S. 165). Zur absoluten Helligkeit führen aber auch noch andere Wege (S. 111), so daß die Verwendbarkeit der Helligkeit zur Bestimmung der Entfernung nicht auf die Blinksterne beschränkt ist. Die besondere Bedeutung aller dieser photometrischen Methoden der Entfernungsmessung liegt darin, daß sie nicht an den Grenzen haltzumachen brauchen, die den anderen Methoden gesetzt sind (S. 36).

70

Sonnenfinsternisse, aus weiter Ferne gesehen.

Sobald wir uns der Frage zuwenden, was für ein Vorgang sich in dem Lichtwechsel der veränderlichen Sterne zu erkennen gibt, müssen wir eine Klasse der Veränderlichen aus der Gesamtheit herausnehmen: die Algol-Sterne. Bei diesen Sternen deutet die vollkommene Regelmäßigkeit des Lichtwechsels auf einen mechanischen Vorgang hin, und die charakteristische Eigenheit, daß die normale Helligkeit zu gewissen Zeiten vorübergehend vermindert wird, erinnert uns an den Ablauf einer Sonnenfinsternis. Um einen verfinsterten Mond oder Planeten kann es sich freilich hier nicht handeln, weil wir von so kleinen Körpern gar nichts merken würden. Wir können uns aber ein Doppelsternsystem mit solcher Lage der Bahn vorstellen, daß bei jedem Umlauf jeder der beiden Sterne — von uns gesehen — vor den anderen treten muß. Nehmen wir den einen Stern als nicht leuchtend an, so bringt seine Bedeckung durch den hellen Stern keinen Lichtausfall hervor, bei seinem Vorüber-

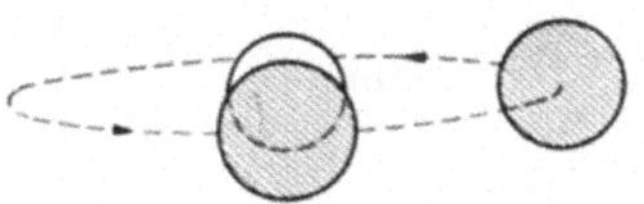

Abb. 45. Verfinsterungen bei Doppelsternen.

gang vor dem hellen löscht er aber dessen Licht ganz oder teilweise aus (Abb. 45). Wir beobachten also bei jedem Umlauf eine Verfinsterung, die im allgemeinen partiell (teilweise) sein wird. Ist der „dunkle" Stern nicht dunkel, so ergeben sich bei jedem Umlauf zwei Verfinsterungen von verschiedenem Grade. Auch bei Algol selbst machen sehr genaue Messungen das zweite Minimum sichtbar (Abb. 40). Es ist leicht einzusehen, daß sich aus dem Gesamtbetrag und aus dem zeitlichen Verlauf einer solchen Verfinsterung Schlüsse auf die Größe der beteiligten Sternkörper und die Lage und Größe ihrer Bahn ziehen lassen. Die Lichtkurve läßt sich in eine geometrisch richtige Darstellung des Doppelsternsystems umwandeln, bei der jedoch der Maßstab unbekannt bleibt. Den erhalten wir nur, wenn wir beide Sterne sehen und ihre Bahnbewegung messen können. Gewöhnliches Sehen kommt hier nicht in Betracht, weil es sich um ganz enge Systeme handelt, bei denen der Abstand der Körper häufig nicht viel größer ist als ihre Durchmesser.

Glücklicherweise gibt es aber doch eine Beobachtungsmöglichkeit (S. 116), so daß wir wenigstens in einigen, leider nicht sehr zahlreichen Fällen zu einer vollständigen Kenntnis alles dessen kommen können, was wir gern über jeden einzelnen Stern wüßten: Durchmesser (räumliche Größe, Oberfläche), Masse, Dichte (= Masse : räumliche Größe). Die folgende Tafel enthält einige der vollständig bestimmbaren Sterne; die Zahlen geben an, wieviel mal so groß wie bei unserer Sonne Masse, Durchmesser, Dichte des Sterns sind.

Einige Verfinsterungs-Veränderliche.

Stern	Durch-messer	Masse	Dichte	Abstand der	
				Mittelpunkte	Oberflächen
β Aurigae. . . .	2,9	2,4	0,1	9,0	6,1
	2,9	2,4	0,1		
R Canis majoris .	0,9	0,14	0,19	1,3	0,4
	0,9	0,05	0,07		
YY Geminorum .	0,8	0,6	1,2	1,9	1,2
	0,7	0,6	1,7		
β Lyrae	18,4	18,7	0,0030	35,4	4,2
	44,0	7,1	0,0005		
β Persei (Algol) .	3,2	4,6	0,14	7,5	4,1
	3,6	1,0	0,02		
V Puppis. . . .	8,3	21,2	0,04	9,0	1,0
	7,6	16,3	0,04		
λ Tauri.	5,1	13,8	0,10	8,5	4,1
	3,7	2,8	0,06		
W Ursae majoris	1,0	0,7	0,7	1,1	0,1
	1,0	0,5	0,5	Sonnendurchmesser	

Wir sehen daraus wie bei den visuellen Doppelsternen (S. 45), daß kleinere, aber auch erheblich größere Massen als unsere Sonne vorkommen. Hier sehen wir aber auch, daß — wenigstens bei diesen Sternen — die Dichte (die durchschnittlich in einem Kubikzentimeter enthaltene Stoffmenge) fast immer geringer ist als bei der Sonne, die ja ungefähr so viel Stoff enthält, als wenn sie gleichmäßig mit Wasser angefüllt wäre. Die letzten Spalten zeigen, wie dicht beieinander die Sterne dieser Systeme ihre schnellen Umläufe vollführen. In manchen dieser Systeme berühren sich die Oberflächen beinahe, und es gibt vielleicht auch Systeme, in denen die beiden Sterne gar nicht ganz voneinander getrennt sind. Wahrscheinlich offenbart sich hier die Entstehung von Doppelsternen aus einfachen Sternen bei ihrer Schrumpfung und der damit verbundenen Zunahme der Rotationsgeschwindigkeit.

Verborgene Ursachen.

Bei den anderen Klassen von veränderlichen Sternen haben wir keine so klare Vorstellung von dem Vorgang, der sich in ihrem Lichtwechsel ausdrückt. Die großen Verschiedenheiten in der Dauer und Größe der Lichtschwankung und die Vielgestaltigkeit der Lichtkurven machen es uns schwer, eine Fährte zu finden. Bei aller Verschiedenheit gibt es aber doch mancherlei Ähnlichkeiten und Übergänge, die uns vermuten lassen, daß der Lichtwechsel überall derselben physikalischen Ursache entspringt, die sich je nach den im Stern vorhandenen Verhältnissen verschiedenartig auswirkt. Bei den Blinksternen werden auch Bewegungen beobachtet, sie stehen aber in anderer Beziehung zum Lichtwechsel als die Umlaufsbewegungen der Bedeckungsveränderlichen. Es hat den Anschein, daß diese Sterne sich abwechselnd ausdehnen und zusammenziehen und dabei ihre Temperatur und ihre Strahlung verändern. Woher der Anstoß zu solchen Pulsationen kommt, läßt sich noch nicht klar erkennen; es bleibt deshalb auch noch ungewiß, ob sie nur unter besonderen Bedingungen auftreten, oder ob jeder Stern im Laufe seiner Entwicklung einmal in diesen Zustand gerät.

Neue Sterne.

Solche Fragen werden besonders stark durch die ganz krasse Veränderlichkeit einiger Sterne angeregt, die wir als *neue Sterne* bezeichnen, weil sie ganz plötzlich aus dem Zustand der Unsichtbarkeit auftauchen (Abb. 46) und ihre Helligkeit in wenigen Tagen oder sogar in einigen Stunden bis zur Auffälligkeit steigern. Die ersten neuen Sterne, von denen wir sichere Kenntnis haben, waren im eigentlichen Sinne auffällig (die „Nova" von 1572 war am hellen Tage zu sehen); heute, wo der ganze Himmel ständig photographisch überwacht wird, ist schon das Auftauchen eines Sterns 12. Größe auffällig. Die Entdeckung eines neuen Sterns ist infolgedessen kein seltenes Ereignis mehr, verursacht aber doch jedesmal einen kleinen Aufruhr in der astronomischen Welt, weil der Schlüssel zum Verständnis des ganzen Vorgangs in den so rasch ablaufenden Geschehnissen kurz vor und nach dem Helligkeitsmaximum zu suchen ist und deshalb nach der Entdeckung des Lichtanstiegs keine Minute mehr für die Beobachtung verlorengehen darf.

Die helleren neuen Sterne lassen sich fast immer auf früheren Aufnahmen als schwache Sterne auffinden, manchmal

Abb. 46. Ein neuer Stern (in der Mitte des rechten Bildes).
(Lippert-Astrograph der Hamburger Sternwarte.)

sind sie auch schon vorher als veränderliche Sterne aufgefallen. Wir wissen so, daß diese Sterne in der kurzen Zeit des Lichtanstiegs ihre Strahlung mindestens 7—8 Größenklassen, also auf das 1000fache, häufig aber auf das 10000- oder 100000fache steigern (Abb. 47). Wenn einer der hellen Sterne des Himmels eine solche Umstellung vornehmen würde, käme uns die Bedeutung dieser Zahlen anschaulicher zum Bewußtsein: Sirius würde bei Verzehntausendfachung seiner Strahlung den Vollmond ersetzen können. Durch verschiedenartige Beobachtungen wissen wir, daß die Strahlungssteigerung mit einer Aufblähung des Sternkörpers verbunden ist, wobei die äußeren Schichten mit Geschwindigkeiten von mehr als 100 km pro Sekunde nach außen drängen. Sobald das Helligkeitsmaximum erreicht ist, ändert sich die Art der Strahlung.

74

Die schwächer werdende normale Sternstrahlung wird von
einer Strahlung überdeckt, die uns von den Gasnebeln her
bekannt ist. Zu dieser Zeit erscheint die Nova den Beobachtern
auch nicht so punktartig wie ein normaler Stern, und das setzt
schon eine gewaltige Ausdehnung voraus. Während die Gesamthelligkeit unter vielen Schwankungen langsam (in Mo-
naten oder Jahren) zurückgeht, nimmt die Strahlung auch
wieder den Charakter einer uns bekannten Sternstrahlung an:
Es ist aber nicht dieselbe normale Sternstrahlung wie vor dem

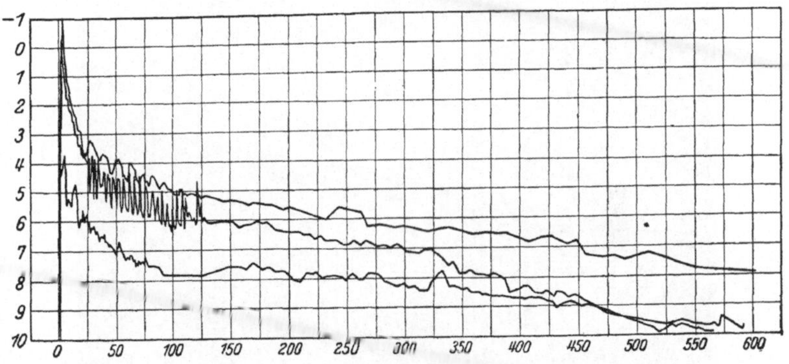

Abb. 47. Lichtkurven der neuen Sterne im Adler 1918 (obere Kurve),
im Perseus 1901 und in den Zwillingen 1917 (untere Kurve).

Helligkeitsgipfel, sondern die Strahlung „nebliger" Sterne,
der Stern ist nun wirklich ein „neuer" Stern. Die Nebelhüllen,
die eine Zeitlang die äußere Erscheinung des Sterns bestimmten, sind bei einigen in diesem Jahrhundert beobachteten
neuen Sternen später vom Stern getrennt, Jahr für Jahr
weiter abrückend, wiedergesehen worden (Abb. 48). Bei der
großen Nova des Jahres 1901 konnte man beobachten, wie
sich die vom Stern ausgehenden Lichtwellen in einer den Stern
umschließenden Nebelmasse ausbreiteten (Abb. 49)!
Wir sind noch weit davon entfernt, die Bedeutung und den
Zusammenhang der Erscheinungen, die bei jedem neuen
Sterne in etwas anderer Art ablaufen, voll zu erkennen. Manches läßt sich durch die Vorstellung deuten, daß ein Stern in
eine Nebelmasse eindringt, wobei sowohl seine äußeren Schichten wie die umhüllenden Nebelschichten mancherlei Verände-

75

rungen durchmachen könnten. Seitdem durch die Beobachtungen der letzten Jahrzehnte immer deutlicher geworden ist, daß die neuen Sterne nicht wieder in ihren früheren Zustand zurückkehren, müssen wir aber wohl mehr an die Möglichkeit von Zustandsänderungen im Inneren der Sterne denken, deren nach außen dringende Begleiterscheinungen oder Nachwirkungen wir beobachten. Auf solche Gedanken führen aber Beobachtungen anderer Art, nicht Beobachtungen der Helligkeit.

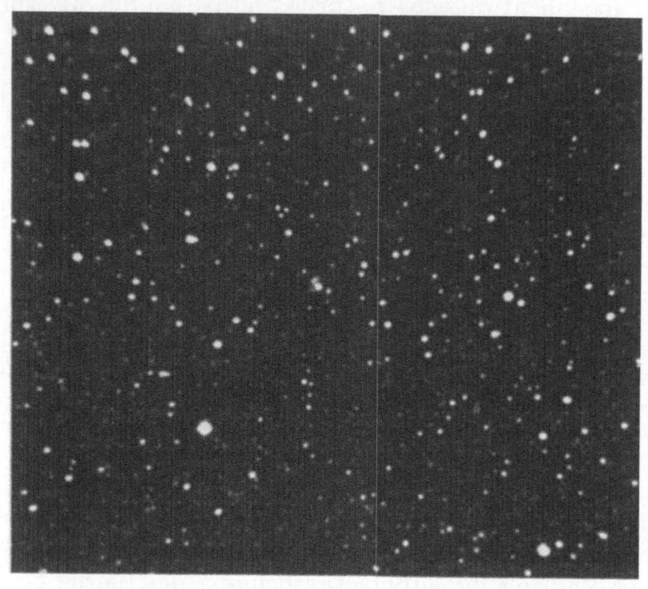

Abb. 48. Nebel bei der Nova Persei von 1901.
(Aufnahme 1938, 1 Meter-Spiegel der Hamburger Sternwarte.)
Die Abb. 48 und 49 umfassen dasselbe Himmelsfeld.

III. Die Farbe (Das Spektrum).

Als wir uns darum bemühten, die Strahlung der Sterne mit verschiedenen Hilfsmitteln zu messen, haben wir die Entdeckung gemacht, daß das Licht der Sterne nicht nur verschieden stark, sondern auch von verschiedener Farbe sein kann. Wir empfanden das damals als unangenehme Schwierigkeit;

76

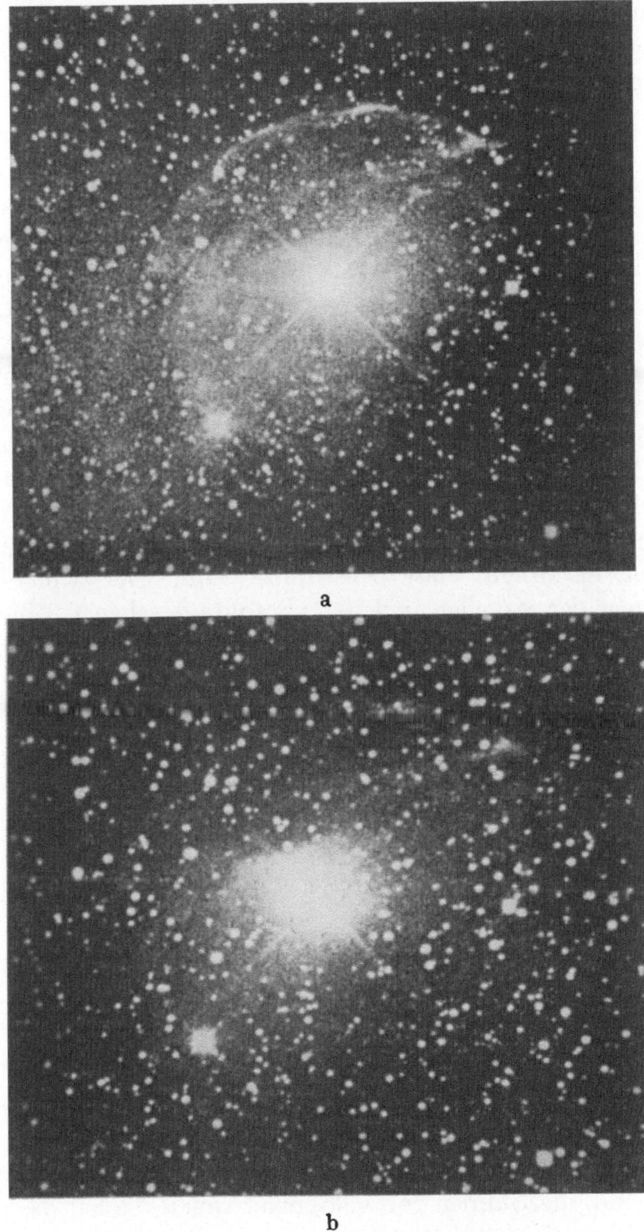

Abb. 49. Lichtausbreitung um die Nova Persei.
(Aufnahmen der Yerkes-Sternwarte: a) am 30. 9. 1901, b) am 13. 11. 1901.)

bei nicht so einseitiger Betrachtung können wir aber nicht verkennen, daß uns dadurch noch weitere Erkenntnismöglichkeiten gegeben sind.

Sternfarben.

Wie wir uns schon an einigen Beispielen klargemacht haben, ist unser Auge durchaus imstande, Sternfarben zu sehen und in eine Farbenskala einzuordnen. Da solchen Farbenschätzungen vom Beobachter und vom Fernrohr herrührende persönliche Züge anhaften, hat man auch hier versucht, zu einer „unpersönlicheren“ Beobachtungsart zu kommen. Wir werden auf eine solche Möglichkeit geführt, wenn wir die Überlegungen ausnutzen, die wir auf S. 57 angestellt haben. Wir haben dort festgestellt, daß das Auge und die photographische Platte verschiedene Abschnitte der Strahlung aufnehmen, und daß es von der Farbe der Strahlung abhängt, wieviel davon in diese Abschnitte fällt. Der Unterschied zwischen der visuellen und der photographischen Größe wird deshalb als *Farbenindex* bezeichnet und ist das üblichste Maß der Sternfarbe geworden.

Farbenindex einiger heller Sterne.

Stern	Farbenindex
Sirius	+ 0,2
Rigel	— 0,2
Regulus	0,0
Spica	— 0,5
Capella	+ 0,9
Polarstern	+ 0,8
Arktur	+ 1,4
Aldebaran	+ 1,8
Beteigeuze	+ 2,0
Antares	+ 2,0

Was bedeuten die Farben der Sterne?

Wenn auf unserer schönen Erde die Blätter der Bäume grün sind, die Blumen rot, gelb, blau, violett, so hat das darin seinen Grund, daß jeder Körper einen Teil der auf ihn fallenden weißen Sonnenstrahlung verschluckt und den Rest abprallen läßt (reflektiert). Verschiedene Stoffe verschlucken verschiedene Farbenabschnitte aus der alle Farben enthaltenden Strahlung der Sonne, und daraus ergibt sich die große Farbenmannigfaltigkeit unserer Umgebung. Die Planeten unseres Sonnensystems, die nur sichtbar sind, weil sie von der Sonne beschienen werden, erhalten ihre Färbung auf diese Weise. Die Farben der Fixsterne sind aber von anderer Art; das Licht, das wir von ihnen erhalten, ist kein reflektiertes Licht; sie strahlen selbst Licht und Wärme aus wie unsere Sonne. Nach unserer irdischen Erfahrung strahlen nur heiße Körper Licht aus. (Es gibt auch noch andere Möglichkeiten, wie z. B. das Leuchten faulenden Holzes, aber die spielen keine große Rolle.) Alle Wärme- und Lichtstrahlung, die wir benutzen, geht von Körpern hoher Temperatur aus (künstliche Lichtquellen). Wir wollen versuchen, uns etwas mehr Einblick in diesen Vorgang zu verschaffen durch einen Versuch, den jeder machen kann oder schon gemacht· hat.

Als Strahlungsquelle soll uns ein eiserner Ofen in einem kalten Zimmer dienen. Solange der Ofen nicht geheizt ist, ist er ein toter Gegenstand, der keinen Eindruck auf uns macht. Wir entzünden nun in seinem Innern (nach außen unsichtbar) ein Feuer und sorgen dafür, daß es tuchtig brennt. Im Innern des Ofens herrscht sehr schnell eine beträchtliche Hitze, es dauert aber einige Zeit, bis sie durch die Schamottewand des Ofens nach außen dringt. Wir setzen uns in die Nähe des Ofens und warten ab. Das Licht im Zimmer wollen wir auch noch abschalten; das macht die Lage allerdings noch ungemütlicher, aber der Weg zur Erkenntnis ist meistens etwas unbequem. Nach einiger Zeit macht sich der Ofen bemerkbar; wir empfinden, daß aus der Richtung des Ofens Wärme auf unsere Hände und unser Gesicht trifft. Die Empfindung wird immer stärker und kann schließlich unangenehm stark werden. Wenn wir zwischendurch gelegentlich den Ofen angefaßt haben, haben wir feststellen können, daß er allmählich wärmer und schließlich heiß geworden ist. Bei alledem *sehen* wir aber den Ofen *nicht*. Wenn wir reichlich eingeheizt haben, erleben wir aber auch das noch. Wenn die Wärmestrahlung schon recht kräftig geworden ist, erscheint der Ofen

allmählich als blaßgraues Gespenst (bei so schwachen Licht-
eindrücken meldet unser Auge keine Farben: in der Nacht
sind alle Katzen grau!). Etwas später haben wir den Eindruck
von dunklem Rot, aus dem dunklen Rot wird schließlich helles Rot, und es ist nicht ratsam, auch noch den Übergang der
Rotglut in die Weißglut abzuwarten. Für diesen Teil des
Versuches bediene man sich nicht eines Zimmerofens, sondern
einer Nadel, die man in eine Gasflamme hält. Sie macht alle
Abschnitte des Glühens schneller durch als der Ofen, und
unsere Beobachtung kann hier erst bei der Rotglut einsetzen,
weil wir für die von einem so kleinen Körper ausgestrahlte
Wärme nicht empfindlich sind, aber den Übergang von der
Rotglut bis zur Weißglut können wir gefahrlos beobachten;
wir können sogar die verschiedenen Farben abwechselnd hervorrufen, wenn wir die Nadel nacheinander in verschiedene
Teile der Flamme bringen.

Die Farben der Sterne haben dieselbe Bedeutung: Die Fixsterne sind glühende Weltkörper von verschieden hoher Temperatur. Sie werden nicht von außen her erhitzt wie die in die
Flamme gehaltene Nadel, sie ähneln mehr dem Ofen, aus dessen heißem Innern die Wärme nach außen durchglüht. Es
sollte also möglich sein, durch einen Vergleich der Sternfarben mit denen eines irdischen Körpers bei steigender Erwärmung, z. B. des vom elektrischen Strom durchflossenen
Drahtes einer Glühlampe, die Temperatur der Fixsterne zu
ermitteln. Die meisten Körper würden das nicht aushalten,
und wir würden auch bald bemerken, daß Farbenschätzungen
für diesen Zweck nicht genau genug sind. Wir müssen, um
dieses verlockende Ziel zu erreichen, noch etwas mehr Mühe
aufwenden und Mittel ersinnen, die uns die Farbe noch besser
zugänglich machen.

Das kontinuierliche Spektrum.

Wir haben schon mehrere Male, weil es uns gerade paßte,
von der Behauptung Gebrauch gemacht, daß weißes Licht,
z. B. das Sonnenlicht, Strahlung aller möglichen Farben in
sich enthält, den Nachweis dafür sind wir aber bisher schuldig

geblieben. Er ist aber leicht nachzuholen, da sich jeder in die Lage versetzen kann, selbst zu *sehen*, daß es so ist. Man sperre das Sonnenlicht, das durch das Fenster fällt, durch eine Scheibe aus Pappe ab, schneide aber einen schmalen Spalt in die Pappe. Es fällt nun ein Lichtstreifen in das Zimmer, der auf der gegenüberliegenden Wand als weißer Strich erscheint (Abb. 50). Nun stellen wir ein *Prisma* in den Lichtstreifen. Das ist ein Dreikant aus Glas; als Prisma wirkt aber jedes Stück Glas, bei dem zwei ebene Flächen so zueinander liegen, wie es beim Prisma der Fall ist. Das Prisma muß so stehen, daß eine seiner Kanten parallel zu dem Spalt steht,

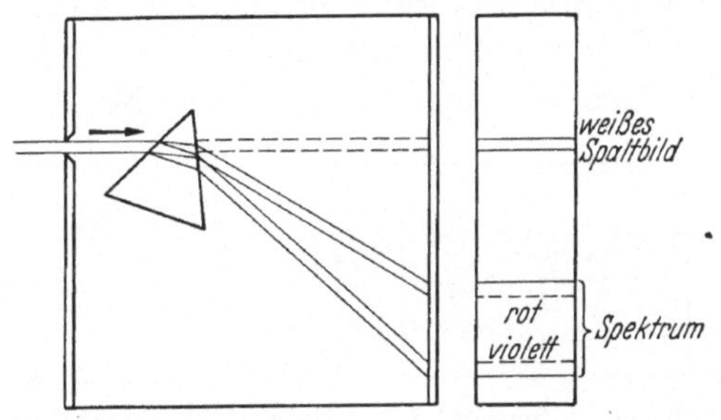

Abb. 50. Zerstreuung des Lichts durch ein Prisma.

durch den das Licht kommt. Sobald das Prisma an seinem Platz steht, ist der weiße Streifen (das Spaltbild) weg. Statt seiner finden wir weiter unten auf der Wand ein ganzes Rechteck, und dieses Rechteck ist oben rot und unten violett, in der Mitte weiß. Wenn wir den Spalt recht eng machen, löst sich das Weiß immer mehr auf, und wir erhalten schließlich ein farbiges Rechteck, in dem die Farben Rot, Orange, Gelb, Grün, Blau, Violett streifenweise übereinanderliegen, nicht kraß gegeneinander abgegrenzt, sondern mit allmählichen Übergängen von der einen zur anderen. Ein solches Farbenband nennt man ein *Spektrum*. Es enthält, wenn es durch die Zerlegung weißen Lichtes entstanden ist, zwar nicht alle möglichen Farben (unserer heutigen Technik sind unglaublich viele Farben möglich), aber doch alle einfachen Farben von Rot bis Violett, wie wir sie etwas verschwommener auch im Regenbogen wahrnehmen, der durch Brechung und Spiegelung des Sonnenlichts in den fallenden Wassertropfen entsteht. Das Spektrum fällt, wenn wir es mit unseren Augen betrachten, bei Rot und Violett plötzlich ins Dunkel ab. Das liegt aber an der Einrichtung unserer Augen; mit anderen Mitteln können wir feststellen, daß auch unterhalb des Violett und oberhalb des Rot noch Strahlung auf die Wand fällt. Wenn wir z. B. anschließend an das Violett (im Ultraviolett) eine photographische Platte auf die Wand legen, wird sie noch ein ganzes Stück über die violette Kante hinaus geschwärzt. Wir kommen noch ein kleines Stück weiter, wenn wir statt unseres Glasprismas ein Prisma aus Quarz nehmen, aber an einer gewissen Stelle findet sich auch nun wieder eine Kante, und wir wollen uns gleich jetzt merken, daß wir jenseits dieser Grenze auch durch andere Mittel keine Stern-

Wellenlänge		1 μμ	1 Å 1 mμ	1 μ	1 cm 1 mm 1 m	1 km
Art der Strahlung	γ-Strahlen des Radiums und kürzeste Wellen i. d. Höhenstrahlg.	Röntgenstrahlen	ultraviolett	sichtbares Licht	ultrarot (Wärmestrahlen)	elektr. Wellen

Abb. 51. Übersicht über die gesamte Strahlung
(1 μ = 0,001 mm, 1 mμ = 0,001 μ, 1 Å = 0,0001 μ usw.).

strahlung nachweisen können. Die Strahlung, die hierhin gebrochen werden würde, bleibt bereits in der Lufthülle der Erde stecken! Auch oberhalb des Rot können wir die Strahlung nachweisen, indem wir mit einem Thermometer oder noch besser einem Thermoelement (S. 61) an der Wand aufwärts fahren. Wir können damit schon im Ultraviolett anfangen; das angeschlossene Galvanometer wird überall durch Ausschlagen das Auftreffen von Wärmestrahlung anzeigen, bis wir jenseits der roten Kante des Spektrums schließlich an eine Grenze kommen. Auch hier ist zunächst unser Glasprisma die Ursache, und wir können die Grenze noch etwas weiter hinausschieben, wenn wir ein Prisma aus Steinsalz nehmen, durch das noch Wärmestrahlen hindurchgehen, die im Glas steckenbleiben. Für manche Untersuchungen ist das von großer Bedeutung, aber bei unserem Vorhaben nützt es uns nicht viel. Wir müßten schon ganz auf das Prisma verzichten

und das Spektrum auf andere Art (durch ein „Gitter") erzeugen. Dann könnten wir mit unserem Thermoelement noch
sehr viel weiter klettern, bis die Wärmewirkung aufhört. Aber
schon lange vor dieser Grenze können wir das Thermoelement
durch einen Detektor für elektrische Wellen ersetzen und
durch ihn die Strahlung anzeigen lassen. Das Ende des elektrischen Spektrums zu suchen, darauf wollen wir uns lieber
nicht einlassen (Abb. 51).

Wellen im Strahlungsstrom.

Wir haben auch so schon die Grenze unserer Versuchs-
anordnung weit überschritten. Was wir uns vorgestellt haben,
ist auf so einfache Weise nicht auszuführen. Aber hierauf
kommt es uns jetzt nicht an. Uns ist nur die Einsicht wichtig,
daß sich weiße Strahlung, wenn wir ihr Gelegenheit dazu
geben, in eine lückenlose Folge von Strahlungen auflöst, die
wir auf einer sehr kurzen Strecke nahe dem einen Ende dieser
Folge als Farben unterscheiden können und im übrigen durch
ein Merkmal kennzeichnen müssen, dem sie ihren Platz in
dieser Folge verdanken. In dem Gebiet, in das unser Versuch
uns am Ende geführt hat, sind wir damit vertraut: elektrische
Wellen unterscheiden wir durch ihre *Wellenlänge* oder auch
durch die Zahl der „Wellenberge", die in jeder Sekunde über
uns hinweggehen (die *Frequenz*). Die langen elektrischen
Wellen, deren Wellenlänge wir in Metern ausdrücken, müssen durch besondere elektrische Vorrichtungen erzeugt werden.
In der natürlichen Temperaturstrahlung der Körper und auch
der Sterne kommen sie nicht vor. Die längsten Wellen, die
durch ihre Wärmewirkung merkbar werden, sind kürzer als
1 mm. Unser Auge verarbeitet nur Wellen zwischen 4 und
8 Zehntausendsteln des Millimeters (das sind 375 bis 750 Billionen Wellenberge in der Sekunde), ultraviolette und Rönt-
genstrahlen haben noch kürzere Wellen (und entsprechend
größere Frequenzen). Bei der Beobachtung der Sternstrahlung
setzt uns die Erdatmosphäre eine Grenze bei einer Wellenlänge von 0,0003 mm, weil das in den hohen Schichten vorhandene Ozon keine kürzeren Wellen durchläßt.

Stärke und Art der Strahlung folgen der Temperatur.

Durch unsere Versuche wissen wir, daß es von der Temperatur des strahlenden Körpers abhängt, welche Teile der möglichen Strahlung er aussendet. Wir werden diese Abhängigkeit besser durchschauen, wenn wir uns das Spektrum eines Strahlers bei verschiedenen Temperaturen ansehen. Das können wir tun, indem wir in unserer Anordnung (Abb. 5o) draußen vor dem Spalt einen dünnen Draht anbringen, der durch dickere Drähte mit einer Stromquelle (Lichtnetz) verbunden ist. In den einen Strang der Zuleitung müssen wir noch einen veränderlichen Widerstand einbauen, damit wir die Stärke des durchgehenden Stromes verändern können, und wenn wir durch unseren Versuch die vermutete Abhängigkeit wirklich aufklären wollten, dann müßten wir auch noch ein Ampèremeter einschalten, mit dem wir die Stärke des Stroms messen können. Wir beginnen unseren Versuch mit einem sehr hohen Widerstand. Die Stromstärke ist klein, und der Versuchsdraht wird nicht einmal warm. Allmählich vermindern wir den Widerstand und warten ab, wann sich auf dem Schirm, mit dem wir das Spektrum auffangen, etwas zeigen wird. Wir werden nicht so lange warten, bis wir etwas sehen, weil wir ja wissen, daß sich die Strahlung bei ansteigender Temperatur zuerst als Wärme kundgibt. Wir müssen also die Kugel eines empfindlichen Thermometers oder ein Thermoelement an der Wand anbringen, aber nicht da, wo das sichtbare Spektrum zu erwarten ist, sondern darüber. Wenn wir durch allmähliche Verminderung des Widerstands eine gewisse Stromstärke erreicht haben, zeigt das Thermoelement eine Erwärmung durch Strahlung an, und je mehr wir die Stromstärke und damit die Temperatur des Versuchsdrahtes erhöhen, desto mehr Strahlung zeigt das Thermoelement an. Schließlich kommt auch der Zeitpunkt heran, wo wir etwas zu sehen bekommen: auf dem Schirm erscheint ein roter Streifen (ein rotes Bild des Fadens, den wir nun auch schwach rot leuchten sehen). Der rote Streifen wird heller und leuchtender; er wird auch nach unten hin breiter, aber die weiterrückende Kante ist bald nicht mehr rot, sondern gelblich. Bei der weiteren Ausdehnung kommt Grün hinzu und schließlich — immer durch eine Zwischentönung hindurch — Blau und Violett (der Faden leuchtet nun weiß). Während dieser ganzen Zeit der Temperatursteigerung ist aber die von dem Thermoelement gemeldete Strahlung gestiegen: mit der Temperatur steigt die Gesamtmenge der Strahlung, und gleichzeitig kommen zu den anfänglich allein vorhandenen langen Wellen immer kürzere hinzu. Die kürzeren Wellen gewinnen sogar schließlich den Vorrang; es müssen aber sehr hohe Temperaturen erreicht werden, wenn die größte Stärke der Strahlung ins Blau oder Violett rücken soll.

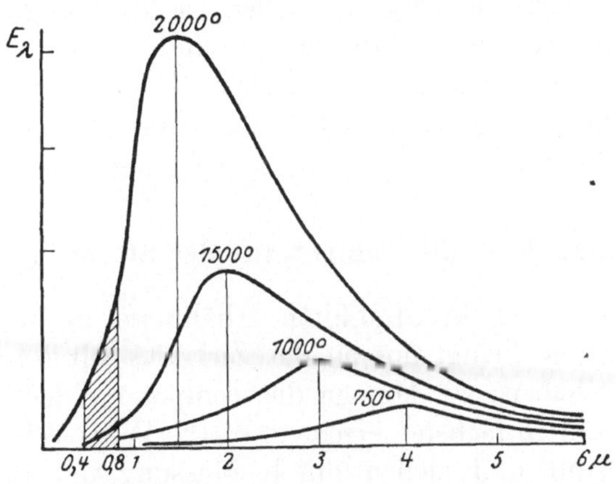

Abb. 52. Abhängigkeit der Strahlung von der Temperatur.

Die Beziehungen zwischen Strahlung und Temperatur sind zwar sehr deutlich, aber nicht einfach, und erst gründliche Erforschung der Strahlungsvorgänge hat zu den Formeln geführt, aus denen man, wenn man irgendeine Temperatur hineinsetzt, die Stärke der Strahlung für jede beliebige Wellenlänge oder die Wellenlänge, in der die Strahlung am stärksten ist, oder den Betrag der Gesamtstrahlung durch Rechnung entnehmen kann. Was sich dabei ergibt, kann man auch aufzeichnen, wie es in Abb. 52 für vier verschiedene Temperaturen geschehen ist. Zu jeder Temperatur gehört eine Kurve, und die Stärke der Strahlung von einer bestimmten Wellenlänge wird angezeigt durch die Höhe, die diese Kurve bei der angenommenen Wellenlänge erreicht. Die Wellenlängen werden durch die in gleichen Abständen unter die Grundlinie gesetzten Zahlen angegeben. In unserer Abbildung bedeuten die ganzen Zahlen Wellenlängen von 0,001; 0,002 bis 0,006 mm. Nach den kurzen Wellen hin fallen die Kurven steil ab; man erkennt daran, wie gering der als Licht sichtbare Teil (von 0,0004 bis 0,0008 mm) im Verhältnis zur Gesamtstrahlung selbst noch bei Temperaturen von 2000° ist. Wie bei höheren Temperaturen das Strahlungsmaximum durch das sichtbare Gebiet hindurchwandert, zeigt die Abb. 35 auf Seite 58. (Die Wellenlängen sind dort in Ångström-Einheiten angegeben: 1 Å = 0,000 000 1 mm.) Die Kurven stellen die Strahlung eines Normalstrahlers von bestimmten Eigenschaften dar. Die Strahlung wirklich vorkommender Körper kann sehr davon abweichen, die Strahlung der Sterne ist aber eine ziemlich normale Strahlung.

Wir können jetzt die Temperatur der Sterne bestimmen.

Die Einsicht in die Strahlungsverhältnisse, die wir nun gewonnen haben, bringt uns an das Ziel, das wir schon einmal angedeutet haben: wir können die Temperatur der Sterne bestimmen. Am einfachsten erscheint dieser Weg: Wir entwerfen ein Spektrum und stellen durch Messung der Strahlungsintensität an verschiedenen Stellen fest, bei welcher Wellenlänge die Strahlung am stärksten ist. Eine Durchsicht unserer Sammlung von Kurven muß dann zeigen, auf welche Temperatur das paßt (in Wirklichkeit *rechnet* man das). Da die Lage des Strahlungsmaximums für die Wirkung auf das Auge und auf die photographische Platte maßgeblich ist, läßt sich verstehen, daß auch der leichter zu bestimmende Farbenindex (S. 78) einen Aufschluß über die Temperatur der Sterne gibt. Es ist nicht immer möglich, an das Strahlungsmaximum heranzukommen (z. B. bei sehr hohen Temperaturen). Das ist aber auch nicht nötig. Denn wenn wir die Strahlungsintensität in einem einigermaßen großen Bereich des Spektrums messen, so daß beim Aufzeichnen der Werte eine deutliche Kurve zustande kommt, dann können wir auch immer (durch Rechnung!) die Temperatur ermitteln, in deren Strahlungskurve das gefundene Stück paßt.

Die Sterntemperaturen, auf die wir durch diese Methoden geführt werden, sind sehr hoch. Die kältesten und dabei rötesten Sterne haben etwa dieselbe Temperatur wie der glühende Faden einer elektrischen Glühlampe (3000°), und für die heißesten „weißen" Sterne ergeben sich Temperaturen von 30000°. So hohe Temperaturen können wir nicht künstlich hervorbringen. In dem Krater der einen Kohle in der Bogenlampe lassen sich 4000° und unter höherem Druck 6000° erreichen, und nur für Augenblicke läßt sich in elektrischen Funken eine Strahlung erzeugen, die höheren Temperaturen (bis 25000°) entspricht. Wir haben also keine Möglichkeit, die Spektren aller Fixsterne unmittelbar mit einem Spektrum irdischer Temperatur zu vergleichen. Die hohen Temperaturen beruhen daher auf unserem Vertrauen zur Richtigkeit der Strahlungsgesetze. Da diese Gesetze sich aber für den ganzen im Laboratorium erreichbaren Temperaturbereich als richtig erwiesen haben, können wir durchaus — bis einmal eine Unstimmigkeit auftritt — annehmen, daß sie auch für andere Temperaturen gültig sind.

Aus den Strahlungsgesetzen ergibt sich auch, wie groß die Gesamtstrahlung ist, die ein Körper bei einer bestimmten Temperatur aussendet. Da wir die Gesamtstrahlung oder gewisse Teile davon messen, wenn wir die Helligkeit der Sterne mit dem Thermoelement oder mit dem Photometer oder photographisch bestimmen, so werden wir zunächst erwarten, daß sich gerade auf diesem Wege viel über die Temperaturen der Sterne ergeben wird. Das ist aber leider nicht so, und wenn wir uns genauer überlegen, was das Strahlungsgesetz aussagt, dann sehen wir auch sehr schnell, warum es nicht so ist. Durch die Temperatur ist festgelegt, wieviel Strahlung jeder Quadratzentimeter der Oberfläche eines Körpers ausstrahlt; wieviel im ganzen ausgestrahlt wird, hängt von der Größe des Körpers ab, und darüber wissen wir bei den Sternen im allgemeinen gar nichts.

Über die Sonne wissen wir allerdings gut Bescheid. Ihre Oberfläche können wir berechnen, und ihre Gesamtstrahlung läßt sich, da sie kräftig genug ist, durch ihre sehr deutliche Wärmewirkung messen. Doch bleibt auch da noch mancherlei zu überlegen und zu rechnen, bis wir sagen können, wieviel Strahlung jeder Quadratzentimeter ihrer Oberfläche ausstrahlt, und daß diese Oberfläche deshalb eine Temperatur von 6000° haben muß. Bei den Fixsternen fehlt uns nun aber das meiste von dem, was uns bei der Sonne bekannt ist. Am bedenklichsten scheint es zunächst, daß uns nur bei wenigen Sternen die Entfernung bekannt ist. Aber die brauchen wir merkwürdigerweise, obwohl und weil sie zweimal nötig wäre, gar nicht.

Durchmesser und Oberflächentemperatur einiger Sterne.

Stern	Scheinbarer Durchmesser ('')	Effektive Temperatur in °	Entfernung in Lichtjahren	Wahrer Durchmesser
Arktur	0,022	4 200	38	27 × Sonne
Aldebaran	0,020	3 900	57	37
Antares	0,040	3 300	160	210
Beteigeuze	0,047	3 300	270	410
β Pegasi	0,021	3 100	160	110
α Herculis	0,021	3 300	470	320
o Ceti (Mira) . . .	0,056	2 400	250	450

Unumgänglich nötig ist aber, daß wir den scheinbaren Durchmesser kennen, den Winkel also, unter dem uns die Fixsternoberfläche erscheint. Was für Winkel haben wir da wohl zu erwarten? Die Sonne sehen wir aus einer Entfernung von 150 Millionen km, als Fixstern würde sie mit 150 Billionen km (15 Lichtjahren) noch zu den näheren zu rechnen sein. In solchem Abstande würde uns aber ihr Durchmesser auch 1 Million mal so klein erscheinen wie jetzt. Sie würde so groß erscheinen wie ein Fünfmarkstück in 3000 km Entfernung. Wir können ausrechnen, daß das ein Winkel von $^2/_{1000}$ Bogensekunden ist, aber sehen und messen können wir das nicht. Es gibt jedoch Fixsterne, die sehr viel größer sind als die Sonne und deshalb einen etwas merklicheren Platz am Himmel einnehmen. So groß und so nah, daß wir ihn im Fernrohr als Scheibe sehen könnten, ist allerdings keiner. Es ist aber gelungen, die Vergrößerungsleistung der Fernrohre durch eine besonders hinterlistige Methode zu steigern und die scheinbaren Durchmesser

88

einiger Fixsterne zu messen; und bei diesen Sternen können
wir auch die effektive (nach außen wirksame) Temperatur angeben.

Auch über die Größe der Sterne erfahren wir etwas.

Bei den in der Tabelle aufgeführten Sternen wissen wir
auch, wie weit sie von uns entfernt sind, und können daher berechnen, wie groß sie wirklich sind. Wir haben es hier mit Sonnen
zu tun, von denen einige so groß sind, daß in ihnen die Erde
ihre Bahn durchlaufen könnte (der Durchmesser der Erdbahn
beträgt 215 Sonnendurchmesser). Wenn Beteigeuze oder Mira
uns so nahe wären wie α Centauri, so würden wir sie im Fernrohr als kleine Scheiben sehen. Es ist wohl anzunehmen, daß
diese Sterne zu den größten Sonnen gehören, die es überhaupt
gibt, und es ist daher nicht wahrscheinlich, daß es bei einer
großen Zahl von Fixsternen gelingen wird, die scheinbaren
Durchmesser zu messen und auf diesem Wege ihre Temperatur zu bestimmen. Es ist aber nach diesen Überlegungen
einleuchtend, daß vielleicht auch der umgekehrte Weg eine
Bedeutung hat. Wenn wir auf andere Weise (S. 86) die Temperatur eines Sterns bestimmt haben, dann ist durch seine ge-
messene Helligkeit sein scheinbarer, und wenn auch noch die
Entfernung bekannt ist, sein wahrer Durchmesser festgelegt.
Auf diesem Umwege läßt sich eine Übersicht über die in der
Fixsternwelt üblichen Größenverhältnisse gewinnen. Es stellt

Durchschnittliche Sterndurchmesser.

	Spektralklasse	Durchmesser
Riesen	M	34,8 × Sonne
	K	24,8
	G	10,3
	F	4,7
	A	2,7
	B	1,8
Zwerge	A	1,3
	F	1,1
	G	0,9
	K	0,8
	M	0,7

sich dabei heraus, daß unsere Sonne zu den kleinsten Sternen gehört, daß aber Fixsterne, die (dem Durchmesser nach) hundertmal so groß sind, selten sind. Die folgende Tabelle enthält die Mittelwerte der Durchmesser für gewisse Klassen von Sternen (S. 106). Es ist dabei zu beachten, daß es viel mehr Zwerge als Riesen unter den Sternen gibt.

Lücken im Spektrum.

Alles, was wir bisher durch das Spektrum über die Fixsterne erfahren haben, beruht auf den Helligkeitsverhältnissen in dem „lückenlosen Farbenband", als das wir das Spektrum eingeführt und bisher angesehen haben. Es gibt auch wirklich solche Spektren. Wenn wir einen Draht zum Glühen bringen, können wir ein lückenloses (kontinuierliches) Spektrum erhalten. Ein Blick auf die Sternspektren der Abb. 59 zeigt uns aber sofort, daß die Spektren der Himmelskörper nicht so aussehen. In diesen Spektren gibt es Lücken, einige breite und eine große Menge schmaler Lücken. Was bedeutet das?

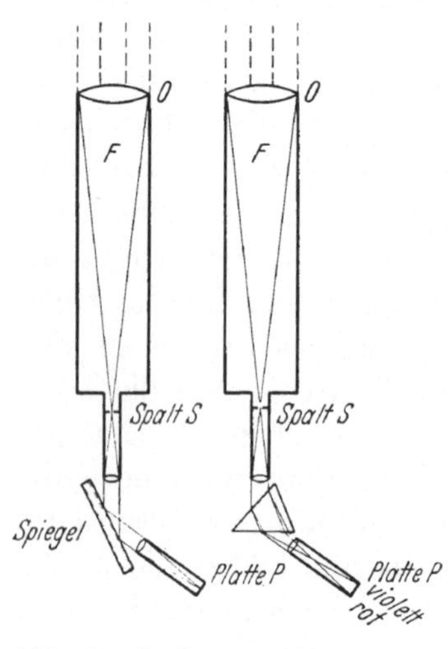

Abb. 53. Spektrograph am Fernrohr (Schema).

Wir wollen uns noch einmal überlegen, wie wir ein Spektrum zustande bringen, und es bei dieser Gelegenheit so machen, wie man es in Wirklichkeit macht. In der Abb. 53 ist F das astronomische Fernrohr. Die von einem Fixstern kommenden Strahlen fallen (zueinander parallel) durch das Objektiv O und werden im Brennpunkt zu einem Bilde des Sterns vereinigt. Von diesem leuchtenden Punkte, der uns den Stern ersetzt, gehen die Strahlen weiter und werden durch eine Linse wieder parallel gemacht. Wir lassen sie zunächst durch einen Spiegel auf eine andere Linse werfen, die sie auf der photo-

graphischen Platte bei P wieder zu einem leuchtenden Punkte
vereinigt. Der Punkt bei P ist ein Bild des Sterns bei S, und
wenn wir das Fernrohr auf die Sonne richten und aus dem
scheibenförmigen Sonnenbild bei S durch einen Spalt einen
schmalen Streifen herausschneiden, dann erhalten wir auf der
Platte P ein Bild dieses Spaltes: eine schmale helle (auf der
Platte dunkle) Linie. Wenn wir nun den Spiegel wegnehmen
und dafür ein Prisma zwischen die beiden Linsen des Spektrographen setzen, erhalten wir wie vorher eine Abbildung des
Spaltes. Es macht sich aber jetzt bemerkbar, daß sich die
Strahlen von verschiedener Wellenlänge beim Eintritt in das
Prisma trennen und auf verschiedenen Wegen nach P weitergehen. Es entsteht deshalb bei P nicht *ein* Bild von S, sondern
eine ganze Reihe von Bildern (violette Strahlen werden mehr
abgelenkt als rote). Das Spektrum ist also ein Nebeneinander von
Spaltbildern, deren jedes von Strahlen einer bestimmten Wellenlänge erzeugt wird. Diese Folge von Spaltbildern ist lücken-
los, wenn das untersuchte Licht Strahlen *aller* Wellenlängen
enthält. Finden wir also Lücken im kontinuierlichen Spektrum,
so bedeutet das, daß die zu gewissen Wellenlängen gehörenden
Spaltbilder fehlen, und wir müssen annehmen, daß diese
Wellenlängen in der Strahlung der Lichtquelle nicht enthalten
sind.

Die Linienspektren der chemischen Elemente.

Wie sollen wir uns das Zustandekommen dieser Erscheinung vorstellen? Sind diese Wellenlängen auf dem Wege zu
uns aufgehalten worden, oder können schon bei der Aussen-
dung des Lichts Strahlen fehlen? Daß nicht jede Lichtquelle eine
kontinuierliche Strahlung aussendet, davon können wir uns
leicht überzeugen. Wir brauchen dazu nur eine Spiritusflamme
oder die Flamme des Gasherdes. Diese Flammen leuchten wenig.
Wenn wir aber Kochsalz hineinstreuen, leuchten sie hellgelb
auf. Sehen wir mit einem Spektroskop in diese gelbe Flamme
(am bequemsten mit einem geradsichtigen Taschenspektroskop,
Abb. 54), so erleben wir eine Überraschung. Von einem kontinuierlichen Spektrum ist nichts zu sehen. Es ist nur eine
einzige gelbe Linie vorhanden, ein einziges gelbes Spaltbild,

das da steht, wo sonst das hellste Gelb im kontinuierlichen Spektrum liegt. Die Kochsalzflamme strahlt also nur in einer einzigen Wellenlänge, das Natriumatom, von dem die Strahlung herrührt, kann nur in diesem Rhythmus schwingen (das Kochsalz besteht aus Natriumatomen und Chloratomen). So

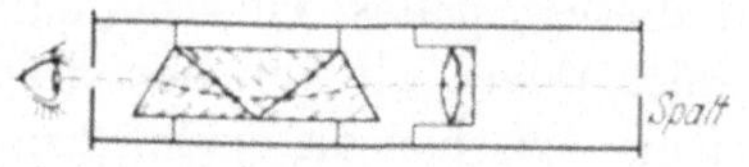

Abb. 54. Geradsichtiges Spektroskop.

wie beim Natrium ist es bei allen chemischen Elementen, wenn sie sich im *gasförmigen* Zustande befinden. Ihre Spektren bestehen aus einzelnen Linien; bei manchen Elementen sind es wenige, bei manchen sehr viele, beim Spektrum des Eisendampfes z. B. mehrere Tausend (Abb. 55). Kontinuierlich ist dagegen die Strahlung fester und flüssiger Körper, weil in ihnen die Atome durch die enge Zusammendrängung ihre Selbständigkeit verloren haben und nicht in der Lage sind, in ihrer natürlichen Art zu strahlen.

Abb. 55. Ausschnitt aus dem Linienspektrum des Eisens.

Durch ihre Linienspektren sind die Elemente zu erkennen, wenn eine chemische Untersuchung nicht möglich ist. Wo die gelbe Natriumlinie, die sich bei stärkerer Auflösung als doppelt erweist, auftritt, ist sicher Natrium vorhanden; eine rote und eine kräftige violette Linie sind für Kalium charakteristisch. Außer diesen besonders auffälligen Linien zeigen aber auch schon diese Elemente sehr viele andere. Bei linienreichen Spektren kann es wohl vorkommen, daß eine Linie an derselben Stelle des Spektrums liegt, an der auch bei einem anderen Element eine Linie erscheint. Aber dann ist ganz bestimmt bei den anderen Linien keine Übereinstimmung zu finden, die Spektren sind also immer voneinander zu unterscheiden. Aus dem Linienspektrum läßt sich aber noch mehr entnehmen als das Vorhandensein bestimmter Elemente. Wenn z. B. der Druck verstärkt wird, unter dem das leuchtende Gas

92

steht, so werden die Linien breiter und verwaschener; auch die Helligkeit der Linien kann sich dabei ändern. Da die Wirkung auf verschiedene Linien ganz verschieden sein kann, ergibt sich eine Möglichkeit, aus dem Spektrum zu schließen, wie dicht das Gas ist, von dem es herrührt, auch wenn es sich auf der Oberfläche eines Fixsterns befindet.

Den auffälligsten Einfluß auf das Spektrum hat die Temperatur. Wir wissen ja, daß überhaupt erst von einer bestimmten Temperatur an bemerkbare Strahlung einsetzt, und daß bei kontinuierlichen Strahlern das Spektrum mit dem Steigen der Temperatur vom Ultrarot her ins sichtbare Gebiet und schließlich über das Violett hinaus ins Ultraviolett hineinwächst. Ebenso treten auch bei den leuchtenden Gasen nicht alle Linien gleichzeitig auf, wenn eine bestimmte Temperaturschwelle überschritten wird. Selbst von den Linien eines Elements erscheinen zunächst nur eine oder einige, andere erst bei viel höherer Temperatur. Bei sehr hohen Temperaturen verlieren die Gasatome ihren festen Zusammenhalt, und es kann vorkommen, daß eins von den kleinen Teilchen (Elektronen), die sich irgendwie um den Kern des Atoms bewegen, wegfliegt. Damit ändert sich die Strahlung des Atoms vollständig. Das Spektrum des um ein oder mehrere Elektronen ärmeren Atoms hat ganz andere Linien als das vollständige. Die dicken Kalziumlinien H und K z. B. (Abb. 59) werden nicht vom gewöhnlichen „neutralen", sondern vom „ionisierten" Kalziumatom hervorgerufen. Wie viele Atome vollständig sind und wie viele nicht, welche Linien also wirklich auftreten, und in welcher Stärke sie zu erwarten sind, hängt in der Hauptsache von der Temperatur und von der Dichte an der Quelle der Strahlung ab. Es ist deshalb gewiß, daß wir durch die Linienspektren viel über die Beschaffenheit der Fixsternatmosphären erfahren können. Die Deutung der Erscheinungen ist aber außerordentlich schwierig, weil wir uns hier in einem Gebiet ganz verzwickter Zusammenhänge bewegen. Schon das, was wir angedeutet haben, ist bei weitem nicht so einfach, wie es hier auf dem geduldigen Papier steht, und umfaßt schon einen erheblichen Teil der Erkenntnisse, zu denen die Physik in den letzten Jahrzehnten vorgedrungen ist.

Die Entstehung der dunklen Linien.

Was uns beim Anblick des Sonnenspektrums aufgefallen ist, waren allerdings nicht *helle* Linien, sondern Lücken im kontinuierlichen Spektrum, *dunkle* Linien. Bei der Betrachtung linienarmer Spektren (z. B. *Ao*, Abb. 59) fällt es aber

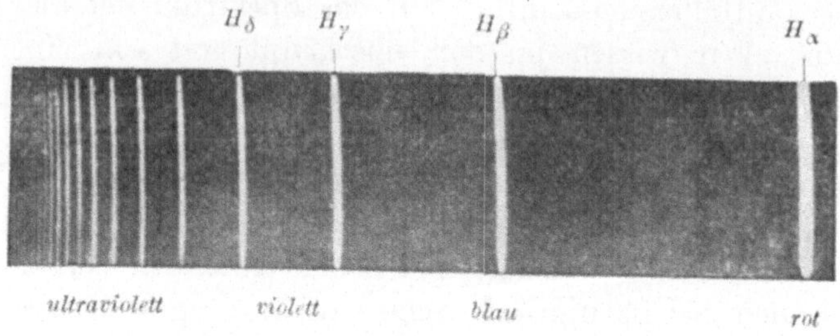

Abb. 56. Linien-Serie des Wasserstoffs.

bald auf, daß diese dunklen Linien dieselbe Anordnung zeigen wie die hellen Linien gewisser Elemente (Abb. 56), und es läßt sich durch Messung nachweisen, daß sie an genau denselben Stellen des Spektrums auftreten. Wie solche dunklen Linienspektren zustande kommen, darüber soll uns ein einfacher Versuch Aufschluß geben. Wir müssen uns dazu zwei Gasflammen und eine Spiritusflamme beschaffen. Für den Versuch führen wir immer Kochsalz in die Flammen ein, damit sie im gelben Natriumlicht leuchten. Zunächst stellen wir die beiden Gasflammen hintereinander auf und stellen die vordere Flamme etwas kleiner ein als die dahinter stehende. Wenn wir diese beiden

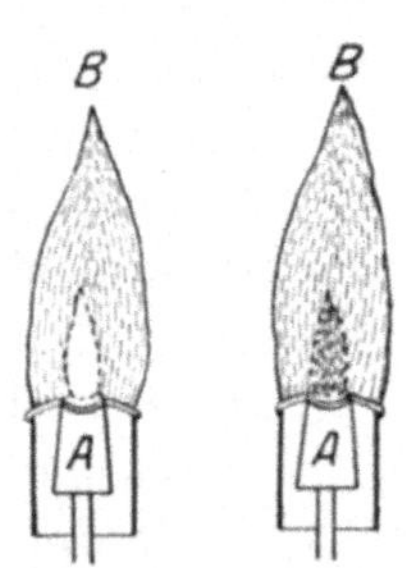

Abb. 57. Absorption in leuchtenden Gasen.

Flammen aus einiger Entfernung betrachten, stellen wir fest, daß die vordere und kleinere sich kaum von der hinteren und größeren abhebt. Wir ersetzen nun die vordere Flamme durch die ebenfalls im Natriumlicht leuchtende Spiritusflamme. Diese Flamme sehen wir, sie erscheint dunkel vor dem etwas helleren Hintergrund der Gasflamme (Abb. 57). Zum Vergleich vertauschen wir die beiden Flammen und stellen dabei die Gasflamme kleiner ein und die Spiritusflamme größer. Auch so hebt sich die vordere Flamme ab, sie erscheint jetzt aber heller als die hintere. Eine Erklärung dieser Erscheinung finden wir in der Vorstellung, daß in jedem Falle die vorn stehende Flamme das Licht der hinteren Flamme verschluckt. Daß sich das im ersten Falle (zwei Gasflammen) nicht bemerkbar macht, liegt daran, daß die vordere Flamme, die ja selbst leuchtet, genau so viel Licht aussendet wie die hintere Flamme. Was sie aus dem Strahlenbüschel der hinteren Flamme herausschneidet, ersetzt sie durch ihre eigene Strahlung. Im zweiten Falle unseres Versuchs sind die Verhältnisse beinahe dieselben. Ein kleiner Unterschied ist aber vorhanden: die vordere Flamme ist nicht so heiß wie die hintere. Infolgedessen ist ihre Strahlung etwas schwächer; sie verschluckt wieder die Strahlung der hinteren Flamme, ihr eigenes Licht ist aber nicht so hell wie das der sie für unseren Anblick umgebenden Gasflamme. Wenn wir eine Pappe mit einem Loch dicht vor sie halten, sehen wir wie sonst eine helle gelbe Natriumflamme, im Kontrast mit der helleren Umgebung erscheint sie uns aber dunkel. Auch im dritten Falle unseres Versuchs wird das Licht der hinteren Flamme, soweit es durch die vordere hindurch muß, verschluckt. Aber jetzt hat die vordere Flamme die höhere Temperatur, von jedem Teil ihrer Oberfläche geht deshalb mehr Strahlung aus als von einem gleich großen Oberflächenstück der hinteren Flamme, und sie hebt sich hell von der Umgebung ab.

Wir wollen nun unseren Versuch etwas abändern. Wir verschaffen uns eine weiß leuchtende Strahlungsquelle, einen glühenden festen Körper, der, wie wir wissen, Strahlung aller Farben aussendet, eine elektrische Lampe z. B. Das soll jetzt die hintere Lichtquelle sein, davor stehe eine der gelben Natriumflammen. Was hier vor sich geht, können wir so nicht recht feststellen, es genügt aber ein Taschenspektroskop, um es an den Tag zu bringen. Wenn wir uns die Glühbirne damit ansehen, bekommen wir das zu erwartende kontinuierliche Spektrum, in dem sich die Farben vom Rot bis zum Violett aneinanderreihen. Und wenn wir es nach der noch abseits stehenden Natriumflamme hinwenden, sehen wir auch, was wir schon kennen: die gelbe Natriumlinie. Nun setzen wir die Natriumflamme vor die elektrische Lampe und sehen mit dem Spektroskop in sie hinein. Jetzt sehen wir etwas Neues. Das kontinuierliche Spektrum ist da, es kommt also durch die Natriumflamme hindurch, und die Natriumlinie ist auch da, aber es ist eine *dunkle* Linie im gelben Teil des kontinuierlichen Spektrums. Wie kommt die zustande? Wir wissen von unserem ersten Versuch her, daß die Natriumflamme gelbes Licht verschluckt. Hier sehen wir, daß sie *nur* gelbes Licht verschluckt, nur die Wellenlängen, die sie selber auszustrahlen imstande ist. Auch die Linien erscheinen (wie früher die Flamme) nur durch den Kontrast mit der hellen Umgebung dunkel.

Das Sonnenspektrum verrät uns mancherlei über die Sonne.

Jetzt können wir uns auch beim Anblick des Sonnenspektrums etwas denken. Das Spektrum ist kontinuierlich wie das eines festen Körpers. Der Sonnenkörper muß aber von einer Atmosphäre umgeben sein, so, wie die Erde von ihrer Lufthülle. Durch diese Gashülle muß die kontinuierliche Strahlung hindurch, ehe sie ihre Reise in den Weltraum antreten kann. Dabei verschluckt jedes in der Atmosphäre enthaltene Gas die Wellen, in denen es selber strahlen kann, und so erscheinen im Spektrum die dunklen Linien der Gase, die in der Sonnenatmosphäre vorhanden sind. Auch sie sind nicht ganz dunkel; ihre Resthelligkeit entspricht aber nicht wie bei unserem Laboratoriumsversuch der Temperatur der Sonnenschichten, die sie verursachen, weil der Mechanismus der Strahlung in so dünnen Gasen ganz anders arbeitet.

Das Sonnenspektrum ist ungeheuer linienreich (es sind über 60000 Linien bekannt), und es ist eine fast aussichtslose Aufgabe, aus diesem Gewirr die zusammengehörigen Linien herauszufinden und dadurch die Elemente zu erkennen. Möglich wird auch das nur durch genaues Messen. Man muß Sonnenspektren aufnehmen, die sehr weit auseinander gezogen sind, und darin die Wellenlängen der Linien messen, und man muß im Laboratorium für jedes Element die Wellenlängen seiner charakteristischen Linien bestimmen. Auf diese Weise sind die Linien von etwa 5o Elementen im Sonnenspektrum festgestellt worden. Diese Elemente sind also *sicher* in der Sonnenatmosphäre vorhanden. Wir können aber nicht sagen, daß die anderen Elemente nicht auf der Sonne vorkommen. Denn es könnte ein Element in der Atmosphäre fehlen, aber im Innern der Sonne vorkommen, und es kann auch in so kleinen Mengen dasein, daß seine Absorption unbemerkbar bleibt. Wir wissen aber auch, daß es von der Temperatur und der Dichte und manchmal auch noch von anderen Anregungsbedingungen abhängt, ob und mit welchem seiner möglichen Spektren ein Element auftritt. Es kann deshalb vorkommen, daß wir ein Element auf der Sonne nicht feststellen können, weil seine Linien in einem Teil des Sonnenspektrums liegen, der unserer Beobachtung nicht zugänglich ist (z. B. im Ultraviolett, das von der Erdatmosphäre verschluckt wird). Bei den meisten der fehlenden Elemente liegen die Bedingungen ·so; wir können also getrost annehmen, daß fast alle Elemente in der Sonne vorhanden sind. Auch die Mengenverhältnisse scheinen ähnlich zu sein wie auf der Erde. Das läßt sich nicht so ohne weiteres aus dem Spektrum ablesen, weil gleiche Mengen verschiedener Elemente nicht gleich viele und gleich starke sichtbare Spektrallinien hervorrufen. Die Tausende von Eisenlinien besagen z. B. nicht, daß das Eisen in so überwiegender Menge vorhanden ist, sondern, daß das Eisenatom unter solchen Bedingungen gerade zur Strahlung in diesen vielen uns sichtbaren Wellenlängen fähig ist. Durch tiefere Einsicht in die Strahlungsvorgänge hat sich aber ergeben, daß die Stärke und das Aussehen der Linien etwas mit der Menge der beteiligten Atome zu tun haben, und soweit es bisher möglich war, diesen sehr verwickelten Zusammenhang rechnerisch zu verfolgen, haben sich ähnliche Verhältnisse wie auf der Erde ergeben. Eine Ausnahme ist der Wasserstoff, der auch bei uns als Bestandteil des Wassers und der vielen chemischen Verbindungen in der Pflanzen- und Tierwelt eine wichtige Rolle spielt, in der Sonnenatmosphäre aber in ganz überwiegender Menge vorhanden ist.

Eisengas in der Sonnenatmosphäre.

Alle Elemente, die wir im Spektrum der Sonne feststellen, kommen dort als Gase vor. Denn Spektral*linien*, sowohl helle (Emission) wie dunkle (Absorption), können immer nur von Gasen herrühren. Auch so kompakte Stoffe wie Eisen, Nickel und andere Metalle, bei denen wir schon allerhand Mühe aufwenden müssen, um sie zu schmelzen, erfüllen die Sonnenatmosphäre so wie Sauerstoff und Stickstoff die Erdatmosphäre. Wir werden uns aber darüber nicht wundern, denn wir wissen bereits, daß die Sonnenoberfläche (die Potosphäre), von der die Strahlung mit dem kontinuierlichen Spektrum herkommt, eine Temperatur von etwa 6000° hat, und wir wissen auch, daß bei so ungeheurer Hitze die schwersten Metalle nicht nur schmelzen, sondern sogar verdampfen (Eisen schmilzt bei 1500° und siedet bei 3000°). An der Sonnenoberfläche wären aber gar nicht einmal so hohe Temperaturen nötig, um diese Elemente im gasförmigen Zustande zu erhalten. Die Siedetemperaturen, die uns geläufig sind, gelten nämlich nur für die Verhältnisse an der Erdoberfläche, wo die über den Flüssigkeiten liegende Luft gerade den Druck ausübt, den wir „eine Atmosphäre" nennen. Wenn wir auf einem 6000 m hohen Berge Wasser erhitzen, siedet es schon bei einer Temperatur von 80°, und wenn wir aus einem geschlossenen Kochtopf mit Hilfe einer kräftigen Luftpumpe den entstehenden Wasserdampf dauernd absaugen, können wir Wasser bei ganz niedrigen Temperaturen zum Sieden bringen. In der Sonnenatmosphäre ist der Druck sehr gering, auch in ihrer untersten Schicht, weil sie zwar eine große Höhe hat, aber sehr dünn ist. Während der Luftdruck das Quecksilber in unseren Barometern 76 cm hinaufdrückt, würde die Sonnenatmosphäre es nicht einmal 1 cm hinaufdrücken (wenn das Quecksilber dort ebensoviel wiegen würde wie bei uns!). Unter solchen Bedingungen würde Wasser schon bei 10° vollständig verdampfen, und auch die schwer verdampfbaren Stoffe gehen bei so geringem Druck schon bei sehr viel niedrigeren Temperaturen in den gasförmigen Zustand über. Es ist also gar nicht sonderbar, daß wir alle diese Elemente in der Sonnenatmosphäre finden.

Die Sonne eine Gaskugel?

Was sollen wir uns aber unter der Sonnen„oberfläche“ vorstellen, von der wir so häufig gesprochen haben? Sie kann bei einer Temperatur von 6000° ebensowenig fest oder flüssig sein wie die darüberliegenden Schichten. Der Druck wird freilich größer, wenn wir durch die „Oberfläche“ in das Innere eindringen, die Temperatur steigt aber ebenfalls an und sorgt dafür, daß alles Flüssige schleunigst verdampfen würde, wenn es irgendwo vorhanden wäre. Wir sind offenbar auf einem falschen Wege, wenn wir nach dem Muster der Erde auch unter der Sonnenatmosphäre einen festen oder flüssigen Kern suchen. Es spricht alles dafür, daß die Sonne durch und durch gasförmig, eine große Gaskugel ist. Daß wir eine scharf begrenzte Sonne sehen und keinen verschwommenen Gasball, spricht nicht dagegen. Aus mehreren Gründen tritt in einer bestimmten Schicht ein so plötzlicher Helligkeitsabfall ein, daß die *optische* Grenze ein scharfer Rand wird. Auch das kontinuierliche Spektrum besagt nicht, daß die Sonne in flüssigem oder festem Zustande sein müßte. Im Innern einer Gasmasse von großer Ausdehnung bildet sich, wenn sie nicht ganz besonders dünn verteilt ist, eine Strahlung aus, in der alle Wellenlängen ungefähr ebenso vorkommen wie bei einem „normal“ strahlenden festen Körper. Als „Oberfläche“ fassen wir die äußerste Sonnenschicht auf, aus der solche Strahlung zu uns kommt. Die darüber liegende Atmosphäre ist dafür — außer in den durch die Spektrallinien gekennzeichneten Wellenlängen — durchsichtig.

Für manchen werden aber andere Denkschwierigkeiten mit der Vorstellung einer Gaskugel verbunden sein. Die Erfahrung, daß Gase sich überallhin ausdehnen und entweichen, wenn wir sie nicht in Gefäße einsperren, verleitet zu der Meinung, eine Gaskugel müsse sich immer mehr ausdehnen und schließlich auflösen. Daß das nicht richtig ist, beweist uns die Erdatmosphäre, die auch nicht eingesperrt ist und dennoch nicht entweicht. In Wirklichkeit ist sie eben doch eingesperrt, zwar nicht durch Wände, aber durch die Schwerkraft der Erde, die auch alle die durcheinander jagenden Luftmoleküle unsichtbar, aber unentrinnbar an den Erdmittelpunkt bindet, so daß es nur ganz wenigen Außenseitern am Rande der Atmosphäre gelingt, bei Gelegenheit zu entweichen. Bei einer im Weltraum schwebenden Gaskugel ist das genau so. Sie wird durch die Schwerkraft, die alle Stoffteilchen miteinander verbindet, zusammengehalten. Die Schwerkraft wirkt als Anziehungskraft zwischen allen Teilchen, stark zwischen benachbarten und schwach zwischen weit voneinander entfernten Teilchen; die Gesamtwirkung ist aber so, als wenn eine Kraft alles zum Mittelpunkt der Kugel hinzieht. Wir kennen diese Zugkraft auf der Erde als Gewicht und erfahren sie meistens als einen Druck nach unten (d. h. zum Mittelpunkt der Erde hin). Auch in der Sonne drücken die äußeren Schichten auf die inneren. Jede kleinere Kugel, die wir uns im Innern abgegrenzt denken können, wird von dem Gewicht der sie einhüllenden Gasschichten so weit zusammengedrückt, bis die dadurch wachsende Spannung der eingeschlossenen Gasmasse dem äußeren Druck das Gleichgewicht hält. Diese „Spannung", mit der sich das eingesperrte Gas gegen den äußeren Druck wehrt, besteht darin, daß die Atome des Gases, die ja immer in Bewegung sind, überall, wo sie an die äußere Begrenzung kommen, Stöße austeilen, die gerade ausreichen, um dem äußeren Druck standzuhalten. Je mehr von außen drückt, desto häufiger müssen die Stöße sein, wenn die „Decke" nicht einstürzen soll, und die Stöße werden um so häufiger, je schneller die Atome hin und her fliegen. Die durchschnittliche Geschwindigkeit der Atome ist aber das, was wir als *Temperatur* messen, und wir sehen plötzlich mit einiger Überraschung, daß es durchaus möglich sein wird, etwas über die Temperatur im Innern der Sonne auszusagen, obwohl wir doch nur die alleräußersten Schichten sehen können.

Das Innere der Sterne.

Einiges mathematisches und physikalisches Rüstzeug gehört allerdings dazu, von außen her in die Sonnenmitte hineinzurechnen, und wir werden uns bescheiden darauf beschränken. das Ergebnis mit bestem Dank in Empfang zu nehmen:

20 Millionen Grad etwa. Wir brauchen es mit der Zahl nicht
so genau zu nehmen. Für den Astrophysiker ist es nicht ganz
gleichgültig, ob es 10 oder 30 Millionen sind, für unsere Vorstellung bedeuten alle diese Zahlen dasselbe: eine unvorstell-
bare Hitze. Unvorstellbar sind solche Temperaturen allerdings
nur, wenn wir versuchen, uns etwas bei so hoher Temperatur
vorzustellen, was nur bei den niedrigen, uns vertrauten Temperaturen einen Sinn hat, z. B., wie sehr wir dabei schwitzen
würden. Wenn wir uns zweckmäßiger physikalischer Vorstellungen bedienen, wird das ganz anders. Erinnern wir uns
doch daran, daß die Temperatur angibt, mit welchen Geschwindigkeiten sich die Atome bewegen (im Durchschnitt!
Es gibt immer solche, die schneller, und solche, die langsamer
fliegen). Wie groß sind denn diese Geschwindigkeiten? Bei
der üblichen Zimmertemperatur ist die Durchschnittsgeschwindigkeit der Luftmoleküle 500 m in der Sekunde. So weit
könnte jedes Luftmolekül in einer Sekunde fliegen, wenn es
nicht jedesmal schon gleich nach dem Start mit einem anderen
Molekül zusammenrennen würde. Das ist fünfmal soviel wie
die Geschwindigkeit der schnellsten Verkehrsflugzeuge, aber
weniger als die Geschwindigkeit, mit der eine Gewehrkugel
den Lauf verläßt. Bei 20 Millionen Grad ist es sehr viel
ungemütlicher. Die Durchschnittsgeschwindigkeit ist etwa
100 *Kilometer* in der Sekunde. Das ist bereits weit außerhalb
des Alltäglichen, wo die schnellsten Eisenbahnzüge eine
Stunde zu einer solchen Strecke brauchen, aber durchaus
nicht außerhalb unserer Erfahrung. Die Sternschnuppen, die
wir nachts durch unsere Atmosphäre flitzen sehen, haben häufig Geschwindigkeiten von 100 km in der Sekunde, und wir
erinnern uns auch, daß die Erde in jeder Sekunde 30 km zurücklegen muß, um in einem Jahre um die Sonne zu kommen,
und daß das ganze Sonnensystem mit einer Geschwindigkeit
von 20 km in der Sekunde durch den Raum eilt. Aber bleiben
wir nur auf der Erde. Es gibt da einen Stoff, der den Namen
Radium erhalten hat, weil er allerlei ausstrahlt. Ganze Atome
fliegen heraus, Atome des Elements Helium, mit einer Geschwindigkeit von 15 000 km, und Elektronen (Elektrizitäts-
atome) mit sogar 150 000 km in der Sekunde, und mit diesem

Stoff arbeitet man bekanntlich in Laboratorien und Krankenhäusern! Was wir mitten in der Sonne antreffen, ist also gar nicht so schrecklich und unvorstellbar, wie es zuerst schien.

Die wilde Jagd der 20 Millionen Grade ist aber nötig, damit die Stöße nach außen häufig und heftig genug sind, um dem Druck der Außenschalen standzuhalten. Daß das Sonneninnere zusammengedrückt wird, können sie allerdings doch nicht verhindern. Je weiter wir nach innen kommen, desto mehr Gewicht drückt, und desto dichter wird das Gas zusammengepreßt. Wenn wir uns vergegenwärtigen, daß auf die Mitte der Sonnenkugel von allen Seiten eine 600 000 km hohe Stoffmasse drückt, im ganzen eine Masse, aus der man 300 000 Erden machen könnte, dann ahnen wir, welche gewaltigen Drücke im Innern dieser Glaskugel herschen können, und beginnen, doch etwas am Bestehen des gasförmigen Zustandes im Mittelpunkt einer solchen Kugel zu zweifeln. Die durchschnittliche Dichte der Sonne ist ja auch $1\frac{1}{2}$mal so groß wie die des Wassers im flüssigen Zustande, und da die äußeren Schichten ganz außerordentlich „luftig" sind, müssen die innersten Schichten eine recht erhebliche Dichte haben. Es fällt uns schwer, uns ein Gas vorzustellen, das in einem Kubikmeter ebensoviel Stoff beherbergen soll wie ein solcher Würfel aus festem Eisen. Gasförmig nennen wir ja den Zustand der Materie, in dem zwischen den Atomen so viel leerer Raum vorhanden ist, daß sie sich nicht nur langsam verschieben, sondern ein Stück Weges frei fliegen können, ehe sie auf einen Genossen stoßen, und das ist bei der Dichte fester und flüssiger Körper nicht der Fall. Ein Atom ist zwar keine Billardkugel, sondern ein sehr kompliziertes Gebilde mit einem kleinen festen Kern und einer — je nach der Art des Atoms — mehr oder minder großen Zahl von ganz kleinen Elektronen, die einen gewissen Raum um den Kern herum mit ihrem Dasein und ihren Bewegungen ausfüllen; aber in diesen Raum kann von außen her nichts eindringen, er gibt die Größe des normalen Atoms an, und wenn die Atome sich mit den Grenzen dieser Räume berühren, ist ein Gas nicht weiter zusammenzudrücken und damit der flüssige Zustand erreicht. Bei sehr hohen Temperaturen sehen aber die Atome anders aus.

Sie stoßen oft und heftig zusammen, und dabei kommt es häufig vor, daß ein Elektron aus dem Atom herausfliegt und allein seinen Lebensweg fortsetzt (bis es vielleicht von einem anderen Atom wieder eingefangen wird). Wenn das Atom viele Elektronen hat, können auch mehrere hinausfliegen. Je derber die Zusammenstöße sind, je höher also die Temperatur ist, desto mehr kommt es dazu, daß die ganze Elektronenhülle auseinandergesprengt ist und nur die Atomkerne übrigbleiben. Die sind aber sehr viel kleiner als die vollständigen Atome und können, wenn sie durch Druck dazu gezwungen werden, viel dichter zusammenrücken. Unter solchen Verhältnissen steckt also tatsächlich ebensoviel „Masse" in einem Kubikmeter wie in einem ebenso großen Eisenklotz von niedriger Temperatur, und doch sind die Atomkerne und Elektronen noch frei beweglich, so daß das Merkmal der Gase, die Zusammendrückbarkeit nach den „Gasgesetzen", noch immer vorhanden ist. Wie ungeahnt dicht sich die Atome unter bestimmten Umständen packen lassen, zeigen uns einige „dichte" Sterne, bei denen wir um die Ansicht nicht herumkommen, daß ein Fingerhut voll Stoff aus ihrem Innern bei uns 2 Zentner wiegen würde. Ob bei dieser Dichte auch noch der gasförmige Zustand erhalten ist, darüber wissen wir vorläufig noch nichts.

Theorie und Beobachtung im Wechselspiel.

Warum kommt es uns denn aber so sehr darauf an, eine durch und durch gasförmige Sonne zu haben? Nun, ursprünglich kam es niemand darauf an. Als sich aber allmählich herausstellte, daß es wohl so ist, merkte man auch bald, wieviel damit für unsere Vorstellungen gewonnen ist. Im gasförmigen Zustand spielt sich alles am einfachsten und klarsten nach bestimmbaren Regeln ab; Temperatur, Dichte, Druck, Strahlung stehen in bekannten Beziehungen zueinander. Eine Gaskugel kann man „durchrechnen". Man kann, ausgehend von der räumlichen Größe und der Masse der Sonne, zu Aussagen über Dichte, Druck und Temperatur in allen Schichten von der Oberfläche bis zum Mittelpunkt kommen. Die Temperatur bedingt aber, wie wir wissen, die Stärke und Art der Strahlung in den einzelnen Punkten der Sonnenkugel, und was davon schließlich nach außen dringt, kann von uns durch Beobachtung kontrolliert werden. Es ist freilich keine einfache Sache, die Strahlung durch die ganze Sonne bis zur Oberfläche rechnend zu verfolgen auf einem Wege, auf dem sie überall verschluckt wird und umgewandelt wieder zum Vorschein kommt. Es sind dazu wie bei dem vorhergehenden Wege von außen nach innen auch mancherlei Annahmen nötig, deren Zulässigkeit sich nicht handgreiflich beweisen, sondern nur mit dem Feingefühl des mit allem, was zu der Frage gehört, Vertrauten abwägen läßt. Wenn sich aber schließlich zeigt, daß die Sonne die Helligkeit hat, die sie nach unserer Rechnung haben soll, dann können wir wohl annehmen, daß die Vorstellungen, die wir uns über die Zustände im Innern der Sonne gemacht haben, einigermaßen richtig sind.

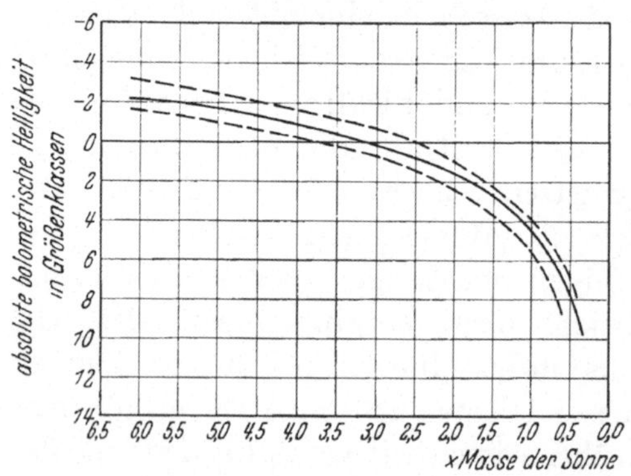

Abb. 58. Zusammenhang zwischen der Masse und der Leuchtkraft der Sterne.

Wir dürfen uns nicht wundern, wenn die Probe nicht ganz genau stimmt; es kann ja sein, daß wir in bezug auf diese oder jene Eigenschaft der Materie bei den für uns ungeläufigen Bedingungen „falsch geraten" haben. Es ist deshalb gut, daß wir auch noch bei einigen anderen Sonnen die Probe machen können. Es gibt leider nur wenige Sterne, deren Masse bekannt ist (S. 72), und es sind auch nicht sehr viele, deren Leuchtkraft (absolute Helligkeit) bekannt ist (S. 70). Bei allen Sternen, für die uns beides zur Verfügung steht, können wir dieselbe Rechnung durchführen wie für die Sonne (für den Durchmesser genügen glücklicherweise die ungefähren Kenntnisse, die wir uns beschaffen können). Was sich dabei ergibt, ist in der Abb. 58 enthalten.

Jeder Punkt innerhalb des Rechtecks könnte einen Stern

bedeuten. Seine Leuchtkraft könnten wir an der senkrechten
Skala ablesen, wenn wir von dem Kreuz waagerecht nach
links gehen, seine Masse an der unteren Skala, wenn wir senkrecht nach unten gehen. Aber alle diese angeblich möglichen
Sterne gibt es nicht, sie kommen in der Natur nicht vor. Die
Sterne, die es wirklich gibt, liegen fast alle in dem schmalen,
durch die gestrichelten Linien abgegrenzten Streifen. Daß es
nur solche Sterne gibt, liegt in den physikalischen Eigenschaften der Materie begründet; daß die in unserer Theorie
hierüber gemachten Annahmen nicht sehr falsch sein können,
zeigt der Verlauf der ausgezogenen Kurve, auf der nach der
theoretischen Berechnung alle Sterne liegen sollten. Zu diesen
Annahmen gehört, daß die chemische Zusammensetzung der
Sonne auch im Innern ungefähr so sein kann, wie wir sie in
ihrer Atmosphäre feststellen, daß aber etwa $1/3$ der ganzen
Stoffmenge Wasserstoff sein muß! Und dieselbe Zusammensetzung ergibt sich bei fast allen Sternen, für die uns Masse,
Durchmesser und Leuchtkraft genau genug für eine solche
Rechnung bekannt sind. Es scheint, daß die große Menge der
Sterne so aufgebaut ist; es gibt aber sicherlich auch Sterne,
die von dieser Norm abweichen.

Verschiedene Sorten von Sternen.

Es ist eigentlich verwunderlich, daß wir für die Zusammensetzung der Sterne eine so weitgehende Gleichartigkeit finden.
Der Augenschein ließe eher das Gegenteil erwarten. Sehen wir
uns doch nur die Spektren einiger Sterne an. In der Abb. 59
sind die Spektren von 14 Sternen untereinandergesetzt, und es
ist wohl nicht zu übersehen, daß zwischen den oberen und
unteren Spektren ein großer Unterschied vorhanden ist.
Wenn man die einzelnen Spektren genauer betrachtet, erkennt
man bald, daß sie so, wie sie in der Abbildung angeordnet
sind, eine regelrechte Folge bilden, in der jedes folgende dem
vorhergehenden noch sehr ähnlich ist, jeder weitere Schritt
aber zu immer unähnlicheren Spektren führt. Eine solche
Musterkarte war natürlich nicht von Anfang an vorhanden.
Man mußte schon einige Tausende von Spektren gesehen

haben, bis man wußte, was für Möglichkeiten es da gab. Es gibt auch noch Sterne, deren Spektrum mit keinem unserer Muster Ähnlichkeit hat, aber das sind nicht viele neben der

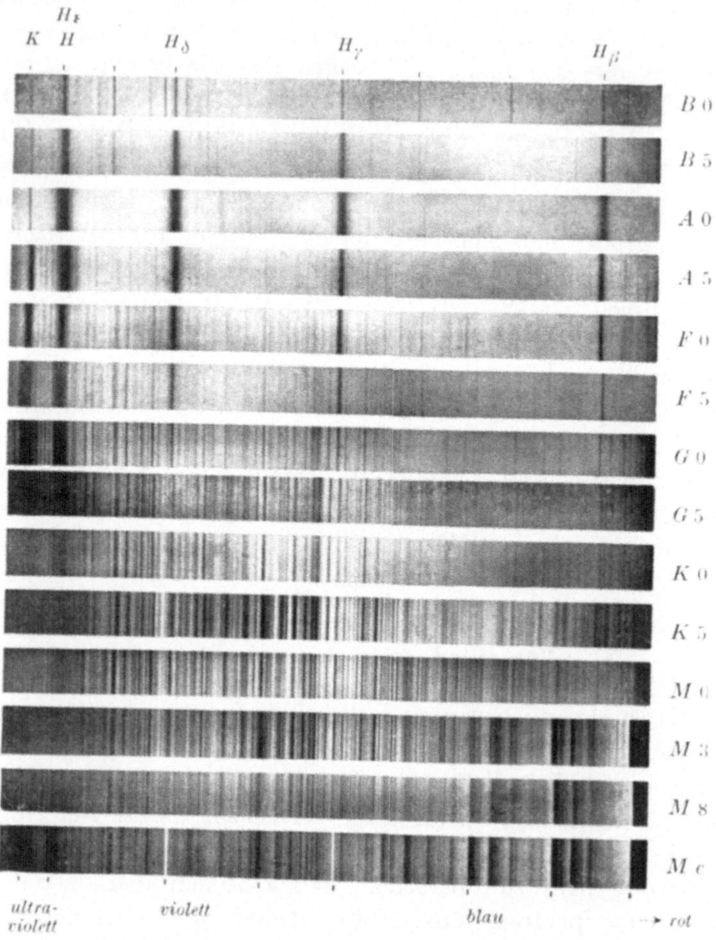

Abb. 59. Typen-Tafel der Fixstern-Spektren.
(Nach Aufnahmen der Detroit-Sternwarte, USA.)

Riesenmenge der sozusagen normalen Sterne, deren Spektrum sich in unsere Musterserie einreihen läßt. Wichtig ist uns jedoch, daß auch Spektren vorkommen, die nur aus *hellen* Linien bestehen, also von sehr dünn verteilten Gasmassen her-

106

rühren müssen, die nicht nach Art eines Sterns (in dem die Dichte nach innen stark zunimmt) aufgebaut sind (Abb. 6o).

Man bezeichnet die Muster unserer Abb. 59 als *Spektraltypen* und bezeichnet sie so, wie es aus der Abbildung zu erkennen ist. Am einfachsten sind zweifellos die Spektren vom

Abb. 60. Spektrum eines Gasnebels. (Aufnahme der Lick-Sternwarte.)

Typus Ao (und die Nachbarn B5 und A5). In ihnen tritt nur eine Folge von starken Linien hervor, die sich durch ihre Anordnung überall leicht erkennen lassen. Auch auf Himmelsaufnahmen, bei denen durch ein Objektivprisma jeder Stern des abgebildeten Himmelsfeldes zu einem Spektrum ausein-

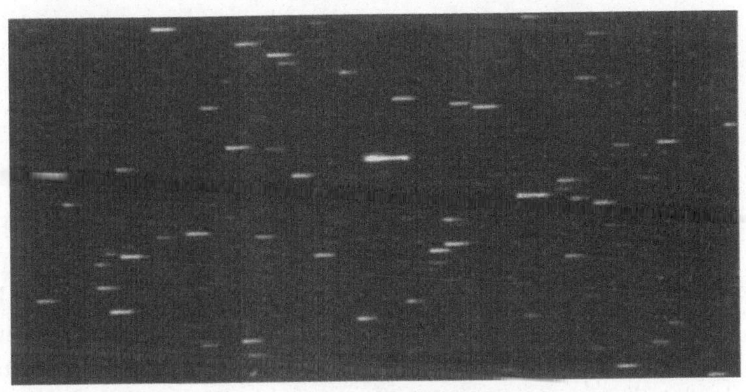

Abb. 61. So sieht eine Durchmusterungsaufnahme des Lippert-Astrographen der Hamburger Sternwarte aus. Auf den Platten sind unter dem Mikroskop die Spektrallinien deutlich zu sehen.

andergezogen ist (Abb. 61), lassen sich gerade die A-Sterne am leichtesten herausfinden. Diese Linien gehören, wie uns ein Blick auf die Abb. 56 sagt, dem Wasserstoff an; ihre merkwürdige rhythmische Folge, die mit immer kleiner werdenden Schritten schließlich in einer scharfen Kante im Violetten endigt, ist durch die Eigenschaften des Wasserstoffatoms bedingt. Das Wasserstoffspektrum ist auch beim Typus Bo vorherrschend. Daneben treten aber andere Linien auf, die hauptsächlich von Helium herrühren. Auch nach unten hin in unserer Musterkarte bleiben die Wasserstofflinien noch bis $F5$ sehr deutlich, aber schon von Fo an tauchen Linien in großer Zahl auf, die in den späteren Typen immer zahlreicher und kräftiger werden. Zuerst sind noch die beiden dicken Kalziumlinien H und K am violetten Ende des Spektrums ein hervorstechendes Kennzeichen (fast genau an derselben Stelle wie H liegt auch eine Linie des Wasserstoffs), dann überwiegt aber das schreckliche Gedränge von Metallinien, zu denen das Eisen allein einige Tausende beisteuert. Von $K\,5$ ab können wir uns aber durch eine neue Erscheinung leiten lassen, nämlich durch die Banden, Gruppen von Linien, die mit einer scharfen Kante einsetzen und dann schnell, aber allmählich schwächer werdend in das allgemeine Spektrum übergehen. Solche Banden werden, wie wir aus Laboratoriumserfahrungen wissen, durch die Moleküle chemischer Verbindungen ausgesandt und können deshalb bei sehr hohen Temperaturen nicht vorkommen.

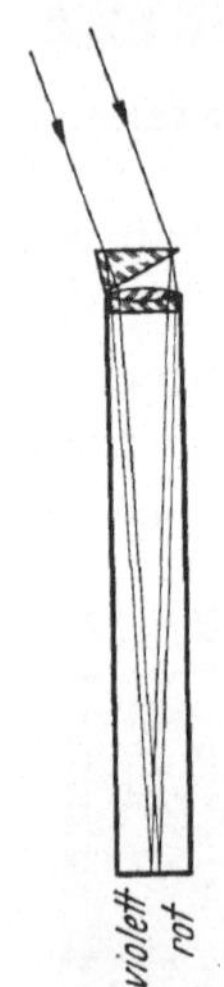

Abb. 62.
Fernrohr mit Objektiv-Prisma.

Es gibt einen Katalog, in dem die Spektren von 225000 Sternen verzeichnet sind; er enthält alle Sterne des Himmels, die nicht schwächer sind als die 8. Größenklasse, und noch eine große Zahl von schwächeren Sternen. Wenn wir bedenken, daß dazu nötig war, alle Gegenden des Himmels mit einem Objektivprisma zu photographieren (Abb. 62) und auf diesen vielen Aufnahmen jeden einzelnen Strich anzusehen und nach der Musterkarte einzureihen und zu bezeichnen, dann werden wir auch den hierzu nötigen Aufwand an Zeit und Arbeit und wissenschaftlichem Pflichtgefühl zu würdigen wissen. Man kann heute auch die Spektren sehr viel schwächerer Sterne aufnehmen; sie sind aber in solchen Mengen vorhanden, daß man nur ausgewählte kleine Felder des Himmels untersuchen kann.

Nach den Überlegungen, die wir über das Zustandekommen von Linienspektren angestellt haben, müssen wir vermuten, daß die Verschiedenheiten im Aussehen der Sternspektren

108

durch die physikalischen Zustände in den Sternatmosphären bedingt sind, in erster Linie durch die Temperatur. Ein solcher Zusammenhang besteht auch. B- und A-Sterne sind weiß, G-Sterne sind gelb, K- und M-Sterne rötlich:

Spektraltypus und Temperatur.

Spektrum	Farbenindex	Effektive Temperatur
$B\,0$	$-0,3$	$22\,000°$
$A\,0$	$+0,0$	$13\,000$
$F\,0$	$+0,4$	$8\,500$
$G\,0$	$+0,9$	$6\,000$
$K\,0$	$+1,4$	$4\,400$
$M\,0$	$+1,9$	$3\,200$

Die Farbe kennzeichnet ja die Intensitätsverhältnisse im kontinuierlichen Spektrum und damit die Temperatur in der „Oberfläche" des Sterns (S. 99). Wenn wir die Sterne mit bekannter Temperatur nach Spektraltypen sortieren und für jeden Typus die durchschnittliche Temperatur feststellen, erhalten wir die in der obigen Tabelle angegebenen Zahlen. Die Mannigfaltigkeit der Spektren ist hiernach nicht verwunderlich. Die Atome der verschiedenen Gase strahlen bei $20\,000°$ anders als bei $3000°$; zum Teil haben ja auch die Atome bei den hohen Temperaturen schon ein oder zwei ihrer Elektronen verloren und strahlen dann in ganz anderen Wellenlängen. Da wir obendrein von allen diesen Möglichkeiten nur das sehen, was sich in dem kurzen Wellenlängenbereich abspielt, den wir sehen oder photographieren, ist auch das wechselnde Vorkommen der verschiedenen Elemente in den Spektren verständlich.

Die nächsten Sterne.

Beim Studium der Sterne unserer nächsten Umgebung ergibt sich einiges, was nicht von vornherein selbstverständlich ist. Die Abb. 63 enthält die 36 Sterne, die wir in einem Umkreis von 16 Lichtjahren kennen. Es gibt in diesem Raum Sterne von der absoluten Größe 1 bis zur absoluten Größe 16, d. h. vom 40fachen bis zu $^1/_{25\,000}$ der Sonnenhelligkeit, aber es gibt auch hier wieder nicht alle denkbaren Sorten von Sternen. Die Punkte, die in der Abbildung die Sterne vertreten, liegen fast alle in einem schmalen Streifen, der sich von links oben nach rechts unten erstreckt. Die weißen *A*-Sterne strahlen große Mengen Energie aus, die roten *M*-Sterne geben nur wenig Strahlung von sich, und das besagt im Zusammenhang mit der durch die Abb. 55 ausgedrückten Beziehung, daß die weißen Sterne mehr Masse haben als die roten Sterne. Daß es auch Ausnahmen gibt, zeigen uns die Sterne, die links unten in der Zeichnung liegen. Sie haben für ihren Spektraltypus und die dazugehörige Oberflächentemperatur eine zu kleine Helligkeit, es müssen also sehr viel kleinere Sterne sein als die normalen Sterne derselben Spektralklassen, die ganz oben im Diagramm liegen. Ihre Masse ist aber, wie wir durch den Begleiter des Sirius (S. 45) wissen, nicht in demselben Maße kleiner, und daher ergibt sich der absonderliche Befund, daß die Materie in ihnen ganz ungewöhnlich dicht zusammengepackt sein muß. Man nennt sie die „*weißen* Zwerge".

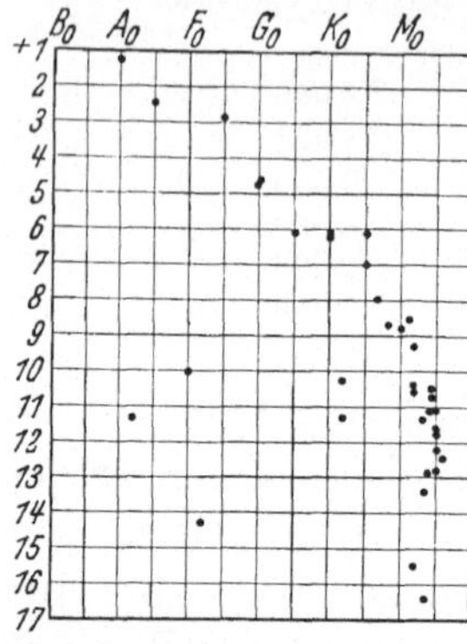

Abb. 63. Spektrum und Leuchtkraft: Die nächsten Sterne.

Die hellsten Sterne. Riesen und Zwerge.

Wenn wir unser Forschungsgebiet etwas ausdehnen und die hundert Sterne im Umkreis von 32 Lichtjahren überschauen, erhalten wir ein ähnliches Bild. Daß dieses Schema aber nicht alles enthält, was in der Welt vorkommt, zeigt uns die gleichartige Abb. 64, in der die hellsten Sterne des Himmels (die Sterne mit der größten *scheinbaren* Helligkeit) zusammengefaßt sind. Einige der Sterne aus dem 16 Lichtjahre-Umkreis finden wir hier wieder; die lichtschwächeren fehlen, weil sie trotz ihrer Nähe nicht hell genug sind, um zu den hellsten Sternen gerechnet zu werden. Andererseits gibt es eine ganze Reihe bekannter Sterne, die in der Abb. 63 nicht vorkommen, weil sie weiter, zum Teil sehr viel weiter als 16 Lichtjahre entfernt sind. Die Hauptreihe der Sterne erscheint auch im Diagramm der hellsten Sterne, es sind aber auch noch andere Gruppen vorhanden. Da ist die Gruppe der G-, K- und M-Sterne, zu der Capella, Arktur, Antares, Aldebaran gehören. Ihre absolute Helligkeit ist größer als die der hellsten Sterne der Hauptreihe. Da sie Sterne von geringerer Oberflächentemperatur sind, müssen sie große Sterne sein. Sie sind Riesen im Vergleich mit den Zwergen, die in der Hauptreihe denselben Spektralklassen angehören. Fast die gleiche Leuchtkraft haben die B-Sterne (auf der linken Seite des Diagramms, absolute Helligkeit bei -2 und -1). Diese Sterne sind trotz ihrer großen Helligkeit und Masse keine so großen Kugeln wie die roten Riesen, ihre große Strahlung rührt von ihrer hohen Temperatur her. Riesen an Masse und Größe müssen aber die „Überriesen"

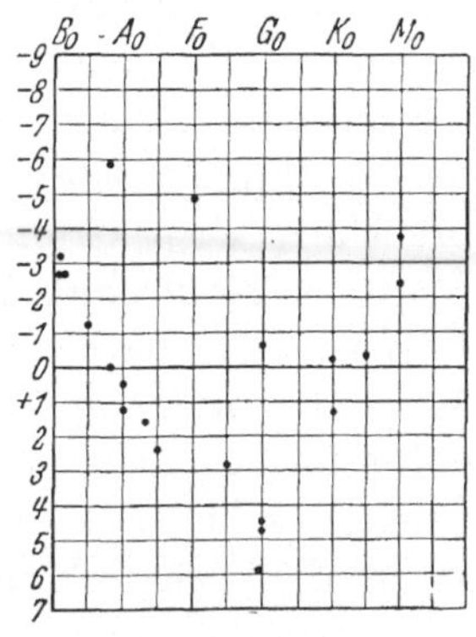

Abb. 64. Spektrum und Leuchtkraft: Die hellsten Sterne.

sein, deren hellste 50000mal soviel Strahlung in den Raum hinaussenden wie unsere Sonne.

Entfernung aus dem Spektrum.

Große und kleine Sterne haben nicht genau gleiche Spektren, weil die Gasdichte in den absorbierenden Schichten der Sternatmosphäre nicht dieselbe ist. Riesen haben meistens schärfere Linien als Zwerge; es gibt ferner Linien, die nur bei Riesen auftreten, aber nicht bei Zwergen von sonst gleichem Spektrum. Manche Linien sind bei Riesen stärker als bei Zwergen, bei anderen Linien ist es umgekehrt. Diese Unterschiede sind bei einigen Linien so scharf ausgeprägt, daß es möglich ist, danach die Leuchtkraft der Sterne anzugeben. Das ist von größerer Bedeutung, als sich auf den ersten Blick ahnen läßt. Aus der absoluten und der scheinbaren Helligkeit erhalten wir ja die Entfernung dieser Sterne. Das liefert uns nichts Neues, wenn wir uns mit Sternen in unserer nahen Umgebung abgeben, deren Entfernung wir durch die übliche Landmessermethode (trigonometrische Parallaxen) bestimmen können. Wir brauchen sogar diese bekannten Entfernungen und die durch sie bekannten absoluten Helligkeiten der nachbarlichen Sterne, um den Schlüssel zu finden, nach dem die Intensitätsunterschiede der Spektrallinien in absolute Helligkeiten zu übersetzen sind. Wenn wir diesen Schlüssel aber haben, dann können wir absolute Helligkeiten und Entfernungen bestimmen für alle Sterne, die hell genug sind für ein brauchbares Spektrum, ohne Rücksicht darauf, wie weit diese Sterne entfernt sind. Wenn wir uns erinnern, daß die direkte Entfernungsmessung selbst bei äußerster Genauigkeit der Messung nur bis zu etwa 150 Lichtjahren anwendbar ist, und daß selbst die hellen Sterne zum größten Teil außerhalb dieses Umkreises liegen, dann wird uns deutlich, welchen Schritt ins Weite die spektroskopische Parallaxenmethode bedeutet.

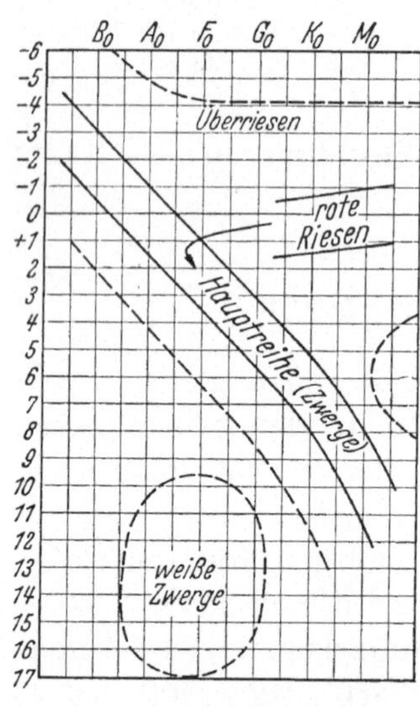

Abb. 65. Spektrum und Leuchtkraft: Alle Sterne.

Normale und seltenere Sterne.

Unsere beiden Diagramme waren günstige Beispiele. Zusammengefügt ergeben sie ziemlich genau das Bild, das wir erhalten, wenn wir alle Sterne zusammensuchen, für die uns durch irgendwelche Mittel die absolute Helligkeit bekanntgeworden ist. Nach den theoretischen Ansichten, die wir heute für richtig halten, müssen wir die roten Riesen und die Sterne in der Hauptreihe (in der Abbildung durch einen Pfeil verbunden) als „normal" ansehen. Die Sterne des Zwergastes (d. h. der eigentlichen Hauptreihe) haben wahrscheinlich gleichmäßig im Mittelpunkt eine Temperatur von etwa 20 Millionen Grad, während die Oberflächentemperatur von den

A-Sternen bis zu den *M*-Sternen von 13 000 Grad bis 2500 Grad abnimmt. Die roten Riesen haben nach der Theorie eine niedrigere Mittelpunktstemperatur, etwa 5 Millionen Grad. Die Dichte ist bei den roten Riesen gering und wird stetig größer, wenn wir in der Richtung des Pfeils, in der vermutlich auch die Entwicklung verläuft, durch unsere Sternsammlung hindurchgehen. Bei den Sternen, die nicht in diese Normalreihe hineinpassen, bei den *B*-Sternen, den Überriesen, den weißen Zwergen, muß irgend etwas anders sein, wahrscheinlich der Anteil des Wasserstoffs an der Gesamtmasse der Elemente. Da es von solchen Sternen nicht solche Mengen gibt wie von den anderen, wissen wir über sie noch weniger als über die normalen Sterne.

Die große Frage:
Woher stammt die aus den Sternen strömende Energie?

Es ist nämlich trotz unserer schönen statistischen Bilder und unserer theoretischen Folgerungen wirklich nicht sehr viel, was wir über die Sterne wissen. Die wichtigsten Fragen bleiben noch ganz unbeantwortet. Woher stammt die Energie, die Sekunde für Sekunde durch die Oberfläche den Stern verläßt? Sie muß irgendwo im Innern des Sterns entstehen, „frei" werden, wahrscheinlich in den innersten Teilen, wo die Verhältnisse den uns bekannten am unähnlichsten sind. Denn wir kennen keine Quellen, die solche Energiemengen liefern und offenbar in Millionen von Jahren nicht versiegen.

Auch wenn im Innern keine unbekannten Energiequellen fließen, kann die Ausstrahlung eine Zeitlang aufrechterhalten werden. Die Sternkugel wird sich zusammenziehen, die Atome werden dichter zusammenrücken, die vorher wild herumschweifenden Elektronen werden in Atomen seßhaft werden. Durch diese Vorgänge wird Energie frei, die den Stern als Strahlung verlassen kann. Wenn wir aber als Beispiel nachrechnen, wieviel Energie unsere Sonne frei gemacht haben kann, während sie sich aus einem weit ausgedehnten Gasball auf ihre heutige Größe zusammenzog, müssen wir feststellen, daß damit nur die Ausstrahlung von etwa 20 Millionen Jahren bestritten werden konnte. So jung kann unsere Sonne aber nicht sein. Sie muß ja schon lange vorher gestrahlt haben, ehe sich die Kruste unserer Erde zu bilden begann, und schon das ist, wie uns die Verhältnisse in radiumhaltigen Mineralien lehren, mindestens hundertmal solange (also 2 Milliarden Jahre) her.

Die bei großen Gaskugeln sicherlich vorhandene Schrumpfung allein reicht also nicht aus, es muß noch andere, ergiebigere Energiequellen in den Sternen geben. Nach unseren physikalischen Erfahrungen suchen wir sie *in* den Atomen, wo wenige (bei leichten Elementen) oder viele (bei schweren Elementen) Masseneinheiten mit einer für jedes Element anderen Zahl von Elektronen zu einem fast unlöslichen Kern zusammengeschweißt sind. Diese Atomkerne sind außerordentlich feste Gebilde und halten allen üblichen Widrigkeiten und Angriffen stand. Wo aber einmal dieser Kernverband sich löst oder auseinandergetrieben wird (Atomzertrümmerung), da werden Energiemengen frei, mit denen unbedenklich Verschwendung getrieben werden kann. Beim Zerfall des Radiums und der anderen radioaktiven Elemente handelt es sich um einen solchen Vorgang. Die frei werdende Energie haftet den ausgeworfenen Heliumkernen und Elektronen an, die mit ungewöhnlichen Geschwindigkeiten in die Umgebung fliegen und durch ihre Stöße sehr erhebliche Wirkungen ausüben können. Die radioaktiven Elemente sind aber wahrscheinlich nicht reichlich genug in den Sternen vorhanden, um zu deren Ausstrahlung viel beitragen zu können. Eher wird der umgekehrte Vorgang des Aufbaues schwererer Atome aus leichteren eine Rolle spielen. Wenn sich z. B. vier Wasserstoffkerne zu einem Heliumkern vereinigen, so ist das nicht eine harmlose Aneinanderlagerung, sondern eine gänzliche Neugruppierung aller Teile und Kräfte. Von den vier Wasserstoffelektronen werden dabei zwei in den neuen Heliumkern hineingearbeitet, der wahrscheinlich durch nichts wieder auseinandergerissen werden kann. Bei diesem Aufbau, von dessen Vorkommen wir überzeugt sind, ohne ihn je miterlebt zu haben, muß sehr viel Energie frei werden, denn der Heliumkern wiegt merklich weniger als die vier Wasserstoffkerne, die in ihm stecken. Wann und wo in den Sternen ein Aufbau von Elementen stattfindet, wissen wir nicht. Wir glauben aber zu wissen, daß dabei die Energien gewonnen werden können, die durch Milliarden von Jahren aus den Sternen in den Weltraum fließen.

Vielleicht gibt es noch viel ergiebigere Energiequellen. Wenn es die Möglichkeit geben sollte, die man besser nur mathematisch beschreibt, weil ihre anschauliche Bezeichnung als „Vernichtung der Materie" allzu schaurig klingt, wenn es möglich sein sollte, daß alle Materie sich in Strahlung verwandeln kann, dann können wir die Sterne auch Billionen von Jahren strahlen lassen. Welche dieser physikalisch denkbaren Energiequellen tatsächlich wirksam sind, und wann sie im Leben eines Sternes zu fließen beginnen — darüber wissen wir noch gar nichts.

Wir haben noch nicht alles aus den Spektren herausgelesen.

Es wird Zeit, daß wir uns darauf besinnen, wodurch wir denn in diese tiefgründigen astrophysikalischen Probleme hineingeführt worden sind: Es waren die Linien in den Spektren

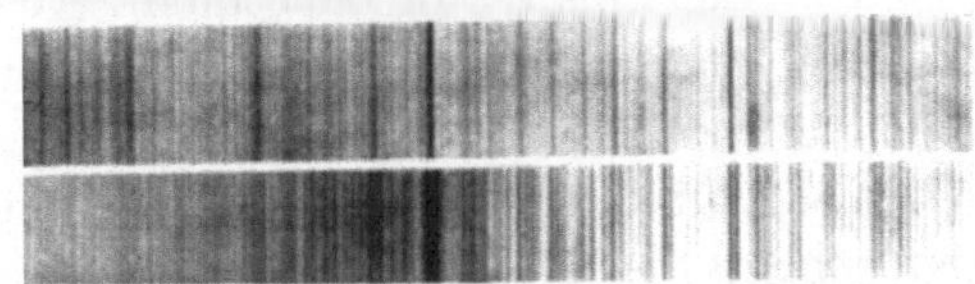

Abb. 66. Verdopplung der Spektrallinien eines Doppelsterns. (Nach Aufnahmen der Yerkes-Sternwarte.)

der Sterne, aus denen sich so viel herauslesen ließ, nachdem wir erst einmal den Schlüssel dieser Lichtsprache — wenigstens teilweise — erraten haben! Wir wollen hier einmal unbescheiden sein: vielleicht können wir durch diese vielsagenden Linien noch mehr erfahren?

Sehen wir uns einmal die Spektren in Abb. 66 an. In dem unteren Spektrum sind alle kräftigen Linien doppelt. Macht man bei diesem Stern (Zeta im Großen Bären, Mizar) in jeder 5. Nacht eine Spektralaufnahme, so stellt sich heraus, daß innerhalb von 20 Tagen die K-Linie zweimal einfach und zweimal doppelt erscheint. Es ist also ein periodischer Vorgang, der sich durch die Linienverdoppelung zu erkennen gibt. Die Abb. 67 erläutert, was für ein Vorgang das ist. Es handelt sich um einen Doppelstern, bei dem die beiden Sterne so eng beieinander sind, daß wir sie nicht getrennt sehen können. In unserem Fernrohr fallen also auch immer die Bilder beider Sterne gleichzeitig auf den Spalt des Spektrographen, und wir erhalten immer beide Spektren gleichzeitig. Im Falle

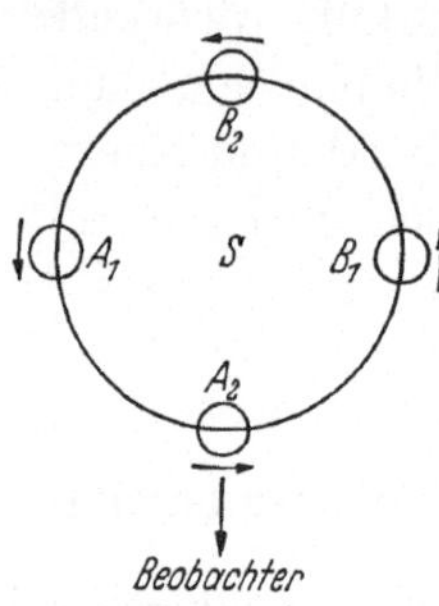

Abb. 67. Bewegungsverhältnisse in einem Doppelsternsystem.

Zeta Ursae majoris gehören die beiden Sterne zu demselben Spektraltypus, so daß wir *ein* Spektrum zu sehen glauben. Von Zeit zu Zeit sind aber doch zwei Spektren da. Das sind die Zeiten, wo die Sterne in A_1 und B_1 stehen. Die Spektren erscheinen hier aber nicht deshalb nebeneinander, weil die Sterne ihren größten Abstand voneinander haben. Das wäre ein falscher Schluß, denn die Spektrallinie ist ja ein Bild des Spaltes und kann da sein oder nicht da sein, je nachdem, ob Licht auf den Spalt fällt oder nicht. Aber sie bleibt immer an derselben Stelle, die durch die Wellenlänge des abbildenden Lichtes bestimmt ist. Die nebeneinander erscheinenden Linien müssen also durch etwas verschiedenes Licht hervorgerufen werden, obwohl es sich um die Strahlung ganz gleichartiger Atome handelt. Die Ursache dieser Verschiedenheit ist die Bewegung der beiden Lichtquellen: der Stern A bewegt sich in A_1 auf uns zu, B läuft in B_1 von uns weg. Wenn wir uns einmal vorübergehend vorstellen, wir könnten Licht hören, dann können wir uns die Erscheinung mit etwas einfacheren Worten anschaulich machen.

Bewegung ändert die „Tonhöhe" beim Schall und beim Licht.

Wir versetzen uns auf einen Bahnhof. In einiger Entfernung von uns steht eine Lokomotive. Wir sehen eben (an dem weißen Dampfstrahl), daß die Lokomotive pfeift. Nach einem Augenblick hören wir auch den Pfiff. Die Tonhöhe des

Pfiffs ist durch die Anzahl der Luftverdichtungen und -verdünnungen bestimmt, die in jeder Sekunde in unser Ohr eindringen. Solange die Lokomotive stillsteht, ist dies dieselbe Anzahl, die die Sirene in jeder Sekunde in die Luft hinausschickt. In der Abb. 68a soll das von L ausgehende Wellenlinienstück den Schallwellenzug andeuten, der in zwei Sekunden die Sirene verläßt (es sind ein paar hundert Schwingungen). Dieser Wellenzug kommt nach einiger Zeit (er legt 330 m in der Sekunde zurück) am Ohr des Beobachters an. Es ist in der Abbildung der Augenblick wiedergegeben, wo der Wellenzug der ersten Sekunde ins Ohr eingedrungen ist und der Wellenzug der zweiten Sekunde eben folgen soll. Stellen wir uns jetzt vor, die Lokomotive machte am Ende der ersten Sekunde plötzlich einen Satz auf uns zu (Abb. 68b). Der Wellenzug der zweiten Sekunde hat dann bis zum Beobachter eine kleinere Strecke zurückzulegen, seine Spitze

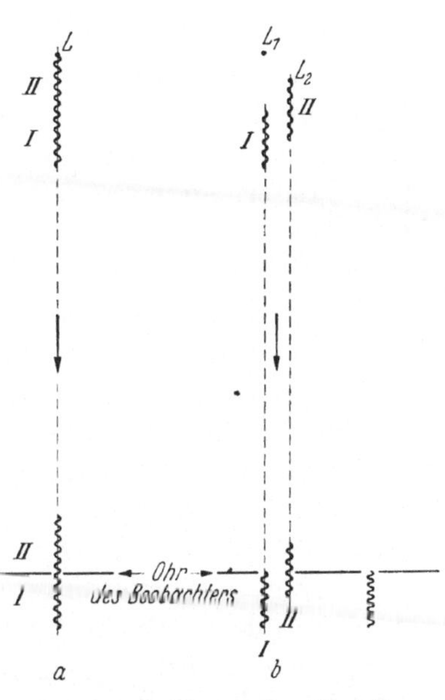

Abb. 68. Änderung der Tonhöhe durch die Bewegung der Schallquelle.

kommt deshalb schon vor Ablauf der ersten Empfangssekunde dort an. Das ist auch so, wenn die Lokomotive nicht den gedachten Sprung macht, sondern in der üblichen Weise auf uns zu kommt. Im Verlaufe einer Sekunde dringt, wie die Abbildung es zeigt, nicht nur der Wellenzug der ersten, sondern auch schon ein Teil des Zuges der zweiten Sekunde in das Ohr ein. Das Ohr registriert in einer Sekunde mehr Verdichtungen als vorher und meldet uns einen höheren Ton. Wenn sich die Lokomotive von uns weg bewegt, wird der Ton tiefer. Die Tonänderung ist um so stärker, je schneller die Lokomotive fährt, und leicht zu beobachten. Wenn man an einer Bahnstrecke steht und das Glück hat, daß gerade ein Zug mit einer Ge-

schwindigkeit von 75 km in der Stunde pfeifend vorüberfährt,
so braucht man nicht einmal musikalisch zu sein, um zu hören,
wie im Augenblick des Vorbeifahrens der Lokomotive der
Pfeifton um einen ganzen Ton herunterspringt.

Was wir uns hier für den Schall veranschaulicht haben, ist
auch beim Licht so (den Beweis, daß es wirklich so ist, überlassen wir den Physikern!), und damit ist uns auch klar, wie
unser veränderliches Doppelsternspektrum zustande kommt:
das Licht des Sterns, der sich uns nähert, sehen wir etwas
„höher“, d. h. violetter, das des von uns weg laufenden Sterns
etwas „tiefer“, d. h. röter als bei der Stellung A_2B_2, wo sich
beide Sterne quer zur Blickrichtung bewegen und sich daher
einige Zeit hindurch an der Entfernung von uns nichts ändert.
Am kontinuierlichen Spektrum können wir die Änderung der
Lichttonhöhe nicht bemerken, weil ja für jeden Streifen des
Spektrums, der ein Stück nach der violetten Seite rückt, der
benachbarte rötere nachrückt und an seinem neuen Platze dieselbe Farbe hat wie der, der vorher dort lag. Wo aber eine
helle oder dunkle Linie vorhanden ist (einem Ton entsprechend), sehen wir ihre Verschiebung nach Violett oder nach
Rot. Wir müssen allerdings, wenn wir das sehen wollen, für
ein sehr sauberes Spektrum sorgen, und wenn wir nicht nur
sehen, sondern auch messen wollen, müssen wir schon größere
Hilfsmittel einsetzen, die es uns erlauben, die Spektren ge-
hörig in die Länge zu ziehen. Im allgemeinen haben wir
nämlich sehr unauffällige Linienverschiebungen zu erwarten.
Damit bei einem Doppelstern die Linien so weit auseinander-
rücken, daß sie denselben Abstand haben wie die beiden gelben
Linien des Natriums, muß der eine der beiden Sterne etwa
150 km in der Sekunde auf uns zu-, der andere ebenso schnell
von uns fortlaufen. Solche Geschwindigkeiten kommen bei
einigen Doppelsternen wirklich vor, bei der großen Menge der
Doppelsterne sind die Bewegungen aber sehr viel langsamer.

Doppelsterne, die man nie doppelt sehen wird.

Nur bei dem kleineren Teil der spektroskopischen Doppelsterne sind die Linien beider Sterne im Spektrum aufzu-
finden, bei den meisten ist der eine der Sterne so viel schwä-

cher als der andere, daß seine Linien gar nicht zur Geltung kommen. Es gibt da also keine Aufspaltung der Linien, es gibt nur ein Hin- und Herpendeln des einen vorhandenen Liniensystems. Wie soll man das aber sehen, wenn doch alle Linien gleichmäßig pendeln, das Gesamtbild also immer dasselbe bleibt? In diesen Fällen ist ein Vergleichsspektrum nötig, das durch seine Linien die Lage des normalen Spektrums kennzeichnet. Meistens benutzt man dazu das Eisenspektrum, das durch seine vielen genau vermessenen Linien genügend Anhaltspunkte liefert. Man erzeugt es durch

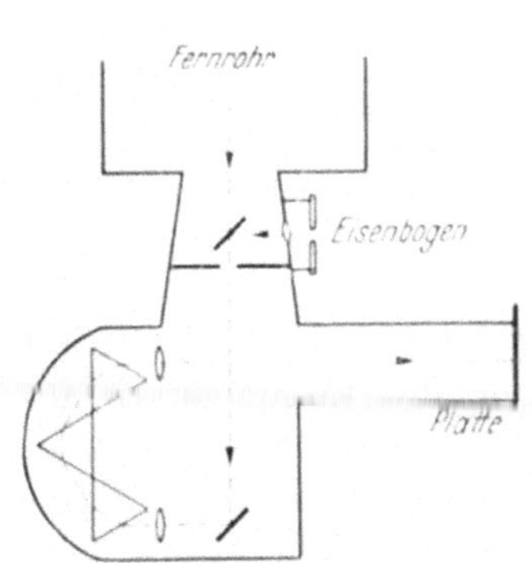

Zeiß'scher Dreiprismen-Spektrograph

Abb. 69
schematisch.

Abb. 70
am Großen Refraktor der Hamburger Sternwarte.

elektrisches Verdampfen von Eisen (z. B. in einer Bogenlampe mit Eisenstiften), indem man das von dem glühenden Eisendampf ausgehende Licht von der Seite her in das Fernrohr fallen und durch einen Spiegel auf den Spalt des Spektrographen werfen läßt (Abb. 69 u. 70). Man stellt ein Eisenspektrum vor und ein anderes nach der Himmelsaufnahme her, um kontrollieren zu können, daß sich am Spektrographen nichts verändert hat, und sorgt durch Blenden dafür, daß das Sternlicht nur auf die Mitte des Spaltes und das künstliche Licht auf das obere und untere Ende des Spaltes fällt. Was man auf diese Weise erhält, zeigt die Abb. 71. Bei beiden Aufnahmen sind die schwarzen Bänder mit den hellen Linien die Eisenspektren, die breiten Spektren mit dunklen Linien die Spektren eines Doppelsterns zu verschiedenen Zeiten. An Linien des Sternspektrums, die mit den Eisenlinien übereinstimmen, sieht man, daß in beiden Fällen die Sternlinien nach rechts verschoben sind, unten doppelt soviel wie oben; die zugehörigen Geschwindigkeiten sind 38 und 72 Kilometer.

Schon unter den hellen Sternen, die einer solchen Untersuchung zugänglich sind, hat man über 1000 Doppelsterne aufgefunden, von den Sternen der Spektralklasse B sind wahr-

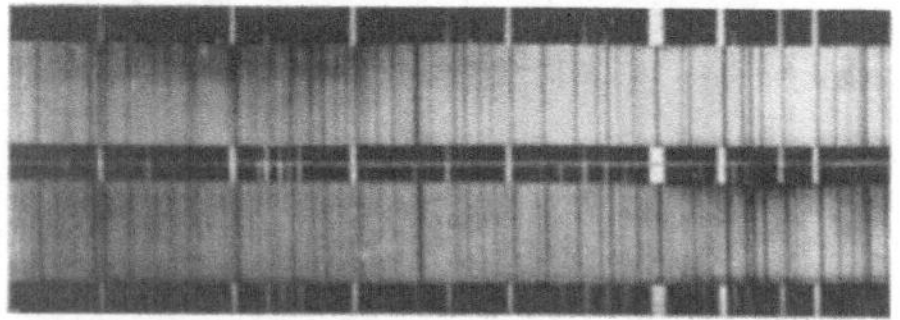

Abb. 71. Zwei Aufnahmen desselben Sterns an verschiedenen Tagen. Dunkle Linien: Sternspektrum, helle Linien: Eisen-Vergleichspektrum. (Nach Aufnahmen der Yerkes-Sternwarte.)

scheinlich mehr als die Hälfte Doppelsterne. Das ist für uns Trabanten einer einfachen Sonne eine überraschende Erfahrung, die schon einige Mühe wert ist. Es kommt aber bei dieser Mühe noch etwas mehr heraus. Wir messen hier die Geschwindigkeit, mit der sich die Sterne in ihren Bahnen bewegen, wie sie wirklich ist, in Kilometern in der Sekunde, nicht so, wie sie uns aus der Ferne gesehen erscheint (wie bei den visuellen Doppelsternen, S. 43). Deshalb sagt uns die Bahnbestimmung hier auch etwas über den wirklichen Abstand der beiden Körper, so daß wir uns ein anschauliches Bild von diesen Systemen machen können. Daß wir dadurch auch etwas über die Massen erfahren, ist uns sehr erwünscht, da es ja bei einfachen Sternen keine Möglichkeit der direkten Massenbestimmung gibt. Die richtigen Werte von Abstand und Masse für jeden einzelnen Doppelstern erhalten wir allerdings auch hierdurch nicht. Eine ganz vollständige Bestimmung eines Systems ist nur möglich, wen es gleichzeitig auch als visueller Doppelstern beobachtet werden kann oder ein Bedeckungsveränderlicher ist.

Radialgeschwindigkeit, Eigenbewegung, wirkliche Bewegung.

Linienverschiebungen finden wir aber nicht nur bei Doppelsternen. Die Fixsterne sind alle nicht „fix"; jeder ist auf einer langen Reise unterwegs, und wieviel er dabei in jeder Sekunde auf uns zu oder von uns weg rückt, zeigt die Verschiebung seiner Linien gegen die des Vergleichsspektrums an. Wir nennen diesen Teil seiner Bewegung die Radialgeschwindigkeit.

Den anderen Teil der Bewegung des Sterns, der senkrecht zu unserer Blickrichtung liegt, können wir, wenn wir lange genug warten, als Ortsveränderung am Himmel wahrnehmen (Abb. 72); der Winkel zwischen den beiden Strahlen zum Beobachter (die in Wirklichkeit viel paralleler sind als in der Zeichnung) ist die Eigenbewegung des Sterns (S. 24). Wie groß die wirkliche Querbewegung (in Kilometern je Sekunde) ist, können wir nur sagen, wenn uns die Entfernung des Sterns bekannt ist; in jedem solchen Falle können wir aber, wie die Abbildung zeigt, aus der Radial- und Quergeschwindigkeit die wirkliche Bewegung $S_1 S_2$ des Sterns im Raume als dritte Seite eines rechtwinkligen Dreiecks bestimmen. Es wäre für unsere Einsicht in die Verhältnisse der Fixsternwelt erwünscht, wenn das für recht viele Sterne möglich wäre. Wir kennen aber die Entfernungen nur für die nahen Sterne genau genug und müssen uns daher damit bescheiden, daß die Radialgeschwindigkeiten uns wenigstens in bezug auf die Geschwindigkeit der Bewegung ungefähr dasselbe sagen wie die vollständigen räumlichen Bewegungen.

Abb. 72.

Mit welchen Geschwindigkeiten sich die Sterne bewegen, zeigt das folgende Verzeichnis der hellsten Sterne (s. S. 122).

Bei der Betrachtung dieser Radialgeschwindigkeiten fällt uns auf, daß fast die ganze erste Hälfte der Sterne ihren Abstand vergrößert, während fast die ganze zweite Hälfte sich uns nähert. Ein Blick auf den Ort der Sterne (Rektaszension und Deklination) zeigt uns, daß sich die beiden *Himmels-*

Stern	Spektrum	Ort			Radialgeschwindigkeit
Achernar	$B\,5$	1^h	34^m	-58^0	$+19$ km/sec
Aldebaran	$K\,5$	4	30	$+16$	$+54$
Capella	$G\,0$	5	9	$+46$	$+30$
Rigel	$B\,8$	5	10	$-\;8$	$+24$
Beteigeuze	$M\,0$	5	50	$+\;7$	$+21$
Canopus	$F\,0$	6	22	-53	$+20$
Sirius	$A\,0$	6	41	-17	$-\;7$
Prokyon	$F\,5$	7	34	$+\;5$	$-\;3$
Pollux	$K\,0$	7	39	$+28$	$+\;3$
Regulus	$B\,8$	10	3	$+12$	$+\;3$
β Crucis	$B\,1$	12	42	-59	$+20$
Spica	$B\,2$	13	20	-11	$+\;2$
β Centauri	$B\,1$	13	57	-60	-12
Arktur	$K\,0$	14	11	$+20$	$-\;5$
α Centauri	$G\,0$	14	33	-60	-22
Antares	$M\,0$	16	23	-26	$-\;3$
Wega	$A\,0$	18	34	$+39$	-14
Atair	$A\,5$	19	46	$+\;9$	-26
Deneb	$A\,2$	20	38	$+45$	$-\;6$
Fomalhaut	$A\,3$	22	52	-30	$+\;6$

hälften in dieser Weise unterscheiden. Wir finden hier (wie
früher bei den Eigenbewegungen, S. 39) unsere eigene Bewegung, die Bewegung des Sonnensystems, wieder. *Wir*
nähern uns der Himmelsgegend bei 18 Uhr und $+30°$ und
entfernen uns von der entgegengesetzten Gegend bei 6 Uhr
und $-30°$ mit einer Geschwindigkeit von 20 km in der Sekunde. Bei der Bestimmung von Radialgeschwindigkeiten
messen wir von der Erde aus und erhalten deshalb in den verschiedenen Jahreszeiten verschiedene Radialgeschwindigkeiten,
weil die Linienverschiebung die Bewegung von Lichtquelle und
Beobachter gegeneinander ausdrückt. Die von der Erdbewe-
gung herrührende zusätzliche Geschwindigkeit, die wir auf
Grund unserer sehr genauen Kenntnis der Erdbahn für jeden
Zeitpunkt berechnen können, muß also stets in Abzug gebracht
werden. Auch die Radialgeschwindigkeiten in der obigen Tafel
sind bereits „auf die Sonne bezogen".

Langsame und schnelle Sterne.

Nach der Feststellung der Sonnenbewegung kann man auch
deren Einfluß aus den Radialgeschwindigkeiten herausnehmen.
Was dann noch übrigbleibt, rührt von den Sternen selber her
und gibt uns über deren Bewegungen Aufschluß. Wir müssen
dabei bedenken, daß wir nur bei wenigen der etwa 7000 Sterne,
deren Radialgeschwindigkeiten bis jetzt bestimmt sind, die
wahre Richtung ihrer Bewegung kennen und danach die wahre
Raumgeschwindigkeit berechnen können. Im übrigen können
wir nur sagen, daß wir bei den Sternen, die in der Blickrichtung ziehen, den vollen Betrag ihrer Geschwindigkeit messen, bei denen, die quer dazu laufen, gar nichts, im Durchschnitt also nur die Hälfte der wirklichen Bewegungen. Die
folgende Tabelle zeigt, mit welchen Geschwindigkeiten sich
die Fixsterne durchschnittlich durch den Raum bewegen:

Spektraltypus	Geschwindigkeit	
	Riesen	Zwerge
B	17 km/sec	
A	20	
F	25	44 km/sec
G	30	61
K	31	61
M	32	64

Die Sonne gehört also in ihrer Klasse (*G*-Zwerg) zu den
langsamen Sternen. Geschwindigkeiten, die sehr viel größer
sind als diese Durchschnittsgeschwindigkeiten, sind selten. Es
sind aber auch „Schnelläufer" bekannt, die mehr als 100 km
in der Sekunde zurücklegen. Unter den schwachen Zwerg-
sternen scheint ein ziemlich großer Anteil von dieser Art zu
sein (S. 157).

Bewegungen in und auf den Sternen.

Es ist in mancher Hinsicht ganz gut, daß wir die Fixsterne
aus weiter Ferne beobachten und infolgedessen auch bei der
spektralen Beobachtung nur mit ihrer Gesamtstrahlung zu
tun haben, die uns darüber belehrt, was der Stern als Ganzes

tut. Es ist aber auch gut, daß wir wenigstens einen Fixstern
aus größerer Nähe betrachten können. Bei der *Sonne* haben
wir die Möglichkeit, uns die „Oberfläche" eines solchen Gas-
balls genau anzusehen und festzustellen, daß das ganz bestimmt
keine starre Maske ist (Abb. 73). Das Spektroskop gibt uns
Kunde von lebhaftem Auf- und Abströmen der Gase in der

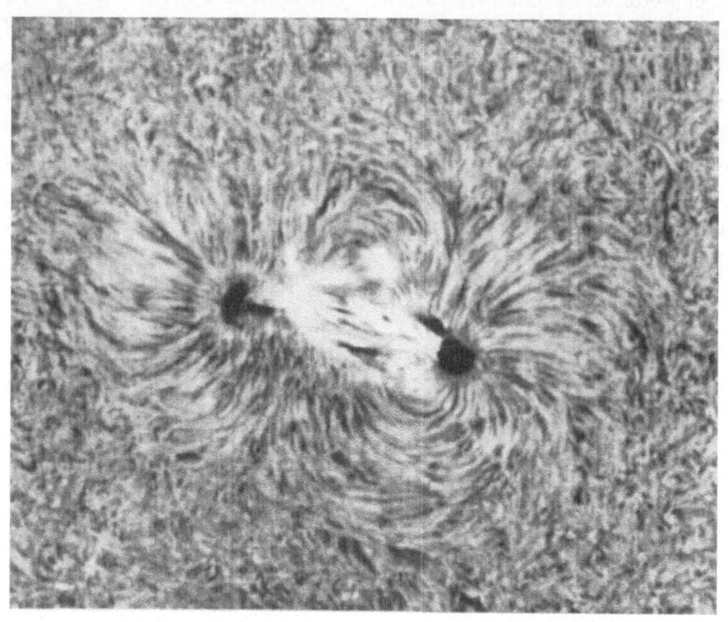

Abb. 73. Wirbel in der Sonnenatmosphäre: Sonnenflecke.
(Mount Wilson-Aufnahme im roten Wasserstofflicht.)

Sonnenatmosphäre mit Geschwindigkeiten von einigen Kilometern in der Sekunde. Es kommen aber auch Gasausbrüche
vor (Protuberanzen, Abb. 74), die mit Geschwindigkeiten bis
zu mehreren hundert Kilometern in der Sekunde in Höhen
von 100 000 km emporschießen. Wir können solche Erscheinungen nur bei der Sonne beobachten, wir sind aber überzeugt, daß sie bei allen Fixsternen vorhanden sind.

In besonderen Fällen verrät das Linienspektrum auch bei
fernen Fixsternen etwas über Bewegungen in der Atmosphäre,
so z. B. bei den neuen Sternen (S. 73). In deren Spektren sind

124

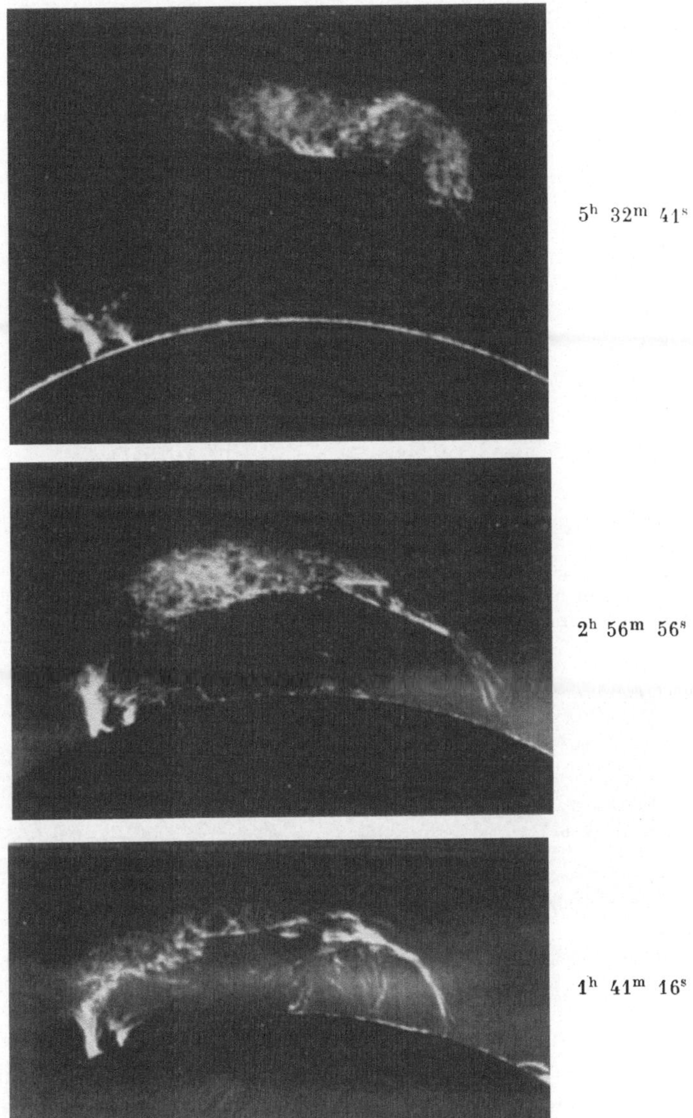

Abb. 74. Große Protuberanz am 29. Mai 1919. (Mount Wilson-Aufnahme im violetten Kalziumlicht.)

die dunklen (Absorptions-) Linien stark nach Violett verschoben und zeigen dadurch an, daß sich in der den Stern umschließenden Gashülle Materie rasch auf uns zu, im ganzen

Abb. 75. Die äußerste Atmosphäre der Sonne, die „Korona", die sichtbar wird, wenn bei einer totalen Sonnenfinsternis der Mond das grelle Licht der Sonnenscheibe abdeckt. (29. Juni 1927, Expedition der Hamburger Sternwarte nach Jokkmokk in Lappland.)

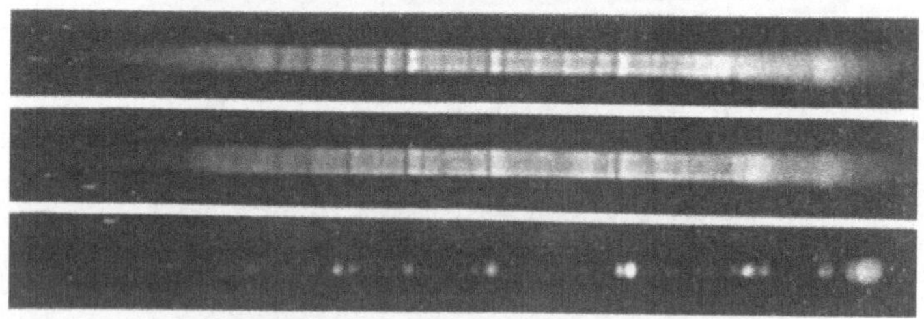

Abb. 76. Spektren der Nova Herculis im Januar, März und September 1935. (Lippert-Astrograph der Hamburger Sternwarte.)

also nach außen bewegt. Das geschieht mit Geschwindigkeiten von mehreren hundert Kilometern in der Sekunde, ergibt also eine Ausdehnung der Gashülle des Sterns bis zur Größe unseres ganzen Sonnensystems im Laufe eines halben Jahres. Diese große und sehr dünne Gashülle macht sich auch bemerkbar durch *helle*, wenig verschobene Linien (Abb. 76), die aus den seitlichen Teilen der Hülle stammen, während die dunklen Linien von dem kleinen mittleren Teil herrühren, durch den wir auf die kontinuierlich strahlende Photosphäre des Sterns sehen (Abb. 77). Im späteren Verlaufe der Erscheinung überwiegt schließlich (Abb. 76, unten) die Strahlung der Gashülle vollständig gegenüber der kontinuierlichen Strahlung der photosphärischen Schicht, die, nachdem sie zuerst ebenfalls stark aufgetrieben erschien, immer mehr zusammenschrumpft, so daß wir am Ende des Vorgangs — wie es nach den bisherigen Beobachtungen scheint — einen sehr verkleinerten und daher sehr viel dichter gepackten Stern vorfinden, umgeben von einer nach außen abwandernden Hülle dünner Materie, die irgendwie überflüssig geworden zu sein scheint.

Wir wollen zugeben, daß wir in unserer Begeisterung etwas mehr über Zustände und Vorgänge behauptet haben, als durch die Beobachtungen allein bewiesen werden kann. Solche Erkenntnisfreudigkeit ist aber durchaus nötig, wo wissenschaftliche Forschung vorwärtsgetrieben werden soll. Sie wird uns aber auch sehr verständlich erscheinen, wenn wir uns rückschauend vergegenwärtigen, welche Erkenntniswege uns durch die Spektralanalyse eröffnet worden sind.

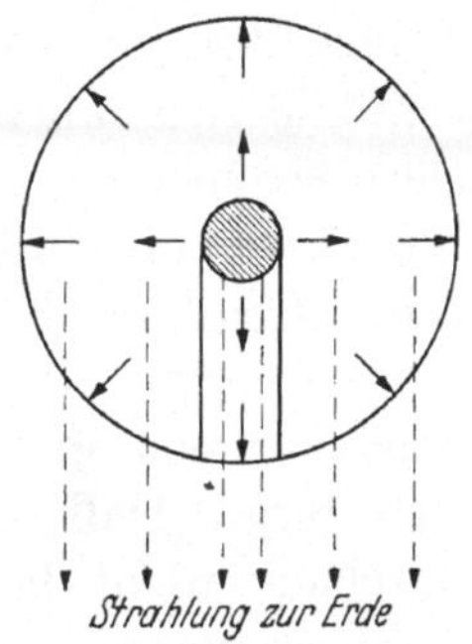

Abb. 77. Bewegungen in der Atmosphäre eines neuen Sterns.

Zweiter Teil.

Die Welt der Sterne.

I. Unsere Weltinsel.

Es gibt Astronomen, die ihr Leben lang am Meridiankreis Fixsternörter messen, und es gibt andere, die immer nur Radialgeschwindigkeiten bestimmen. Es kann sogar vorkommen, daß ein Forscher, der auf dem Wege zu den Geheimnissen des Himmels über unzulängliche Methoden oder Instrumente stol-

perte, den Rest seines Lebens der Verbesserung dieser ungenü-
genden Hilfsmittel opfern muß, sozusagen ohne den Himmel
wiederzusehen. Man neigt leicht dazu, solche Menschen als
sonderbare Käuze zu belächeln oder als unglückliche Opfer zu
bemitleiden. Beides wäre falsch. In dem großen, weit ver-
zweigten Betriebe der naturwissenschaftlichen Forschung ist
ihr Spezialistentum genau so notwendig und unvermeidlich
wie das der verschiedenen Facharbeiter in wirtschaftlichen Be-
rufen. Es genügen einige königliche Geister, welche die durch
Beobachtungen bekanntgewordenen Tatsachen zu einem Gesamtbild zusammenfassen und mit dem eben nur großen Gei-
stern eigenen Ahnungsvermögen dieses Bild über das Erkannte
hinaus vervollständigen, aber es sind sehr viele tüchtige und
arbeitsfreudige Kärrner nötig, die das Material herbei-
schaffen, das die Richtigkeit oder Unrichtigkeit dieser Ent-
würfe erweist und wieder die Keime neuer „Ahnungen" in
sich birgt. Daß solche Kärrnerarbeit zwar mühevoll, aber
durchaus nicht langweilig ist, lassen unsere Betrachtungen
wohl erkennen, vielleicht auch schon die Gefahr, darüber die
großen Ziele aus dem Auge zu verlieren!

Ein Weltmodell.

Auch wir hatten uns ein Ziel gesteckt. Wir hatten doch
vor, uns ein Modell des Weltalls zu bauen, in dem alles,
was wir am Himmel sehen, seinen Platz finden soll. Wie steht
es jetzt damit, nachdem wir eine so reichliche Menge von
Kenntnissen über die Sterne zusammengerafft haben? Fangen
wir einmal damit an, im wörtlichen Sinne ein Modell zu
bauen. Unser eigener Platz, von dem aus wir in die Welt sehen
(die Sonne oder das ganze Sonnensystem), soll eine kleine
Holzkugel sein, in die wir Stricknadeln hineinstecken können.
Wir wollen uns zuerst auf unsere nächste Umgebung beschränken und nur das darstellen, was nicht weiter als 16 Lichtjahre
von uns entfernt ist (Tabelle S. 129). Wir brauchen dann nur
36 Stricknadeln aufzustecken. In welche Richtung jede zu
zeigen hat, wird durch die Örter der Sterne angegeben, und
wo wir sie abzukneifen und mit einem Kopf als Symbol des

Stern	Richtung		Ent-fernung Licht-jahre	Absol. Hellig-keit Größen-klassen	Leucht-kraft ($\times$ Sonne)	Spek-tral-typus	Bewegung[1]	
	Rekt.	Dekl.					radial	quer
Grb 34 A	0^h13^m	$+43^05$	11	10,4	0,006	$M\,2$	$+0,1$	1,5
„ B				12,8	0,0007	$M\,5$		
van Maanens Stern	0 44	$+\ 4,9$	13	14,2	0,0002	$F\,0$	?	1,9
τ Ceti	1 39	$-16,5$	10	6,1	0,3	$K\,0$	$+0,5$	0,5
ε Eridani. . . .	3 28	$-\ 9,8$	11	6,2	0,3	$K\,0$	$+0,5$	0,5
40 Eridani A . .				6,1	0,3	$G\,5$		
„ B . .	4 11	$-\ 7,8$	16	11,3	0,003	A	$-1,3$	3,1
„ C . .				12,4	0,001	$M\,6$		
Kapteyns Stern .	5 8	$-45,0$	10	11,7	0,002	$K\,2$	$+7,6$	4,2
Sirius A	6 41	$-16,6$	9	1,2	30	$A\,0$	$-0,2$	0,6
„ B				11,2	0,003	$A\,7$		
Prokyon A . . .	7 34	$+\ 5,5$	11	2,9	6	$F\,5$	$-0,1$	0,6
„ B . . .				15,4	0,00006	?		
Grb 1618. . . .	10 5	$+50,0$	13	8,8	0,03	$M\,0$	$-0,8$	0,9
BD $+20^02465$. .	10 14	$+20,4$	16	10,5	0,006	$M\,4$	$+0,3$	0,4
Wolf 359	10 52	$+\ 7,6$	8	16,5	0,00002	$M\,4$	$-2,8$	1,9
Lal 21185 . . .	10 58	$+36,6$	8	10,6	0,005	$M\,2$	$-2,7$	1,8
Innes' Stern. . .	11 12	$-57,0$	10	14,7	0,0001	?	?	1,2
Proxima Centauri	14 23	$-62,0$	4	15,5	0,00006	M	?	0,8
α Centauri A . .	14 33	$-60,4$	4	4,7	1	$G\,0$	$-0,7$	0,8
„ B . .				6,1	0,3	$K\,5$		
BD -7^04003. . .	15 14	$-\ 7,4$	10	11,8	0,002	$M\,5$	?	0,6
BD -12^04523 . .	16 24	$-12,4$	9	12,2	0,001	$M\,5$	!	0,0
AOe 17415 . . .	17 37	$+68,4$	15	10,8	0,004	$M\,4$	$-0,5$	0,9
Barnards Stern .	17 53	$+\ 4,5$	6	13,4	0,0004	$M\,3$	$-3,5$	3,0
Σ 2398 A . . .	18 42	$+59,5$	11	11,1	0,003	$M\,4$	$+0,1$	1,2
„ B . . .				11,6	0,002	$M\,5$		
α Aquilae. . . .	19 46	$+\ 8,6$	16	2,5	9	$A\,5$	$-0,8$	0,5
61 Cygni A . . .	21 2	$+38,2$	11	8,0	0,06	$K\,7$	$-2,0$	2,7
„ B . . .				8,7	0,03	$K\,8$		
Lac 8760	21 11	$-39,3$	13	8,6	0,03	$M\,1$	$+0,6$	2,2
ε Indi	21 56	$-57,2$	11	7,0	0,1	$K\,5$	$-1,3$	2,5
Krüger 60 A . .	22 24	$+57,2$	12	11,4	0,003	$M\,3$	$-0,8$	0,6
„ B . .				12,9	0,0006	$M\,4$		
BD $+43^04305$. .	22 43	$+43,8$	15	11,1	0,003	$M\,5$	?	0,6
Lac 9352	22 59	$-36,4$	13	9,3	0,01	$M\,2$	$+0,3$	4,4

[1] Lichtjahre in 10000 Jahren; $+$ von uns weg, $-$ auf uns zu

Sterns zu versehen haben, ist uns durch die Entfernung vorgeschrieben, wenn wir vorher den Maßstab unseres Modells festgelegt haben. Damit unsere Weltkugel nicht zu unhandlich wird, wollen wir ihr einen Durchmesser von 32 cm geben.

16 cm lang werden also unsere längsten Nadeln, die die Sterne
mit 16 Lichtjahren Entfernung darstellen; die kürzesten Nadeln hätten der Doppelstern Alpha Centauri und die „Proxima
Centauri" (Proxima = nächster Stern), und der uns so gut
bekannte Sirius säße in 9 cm Abstand vom Mittelpunkt des
Modells. Damit unser Modell „sprechend" wird, müßten wir
die Sterne leuchten lassen, den Sirius ungefähr eine Million
mal so hell wie die schwächsten Sterne des Verzeichnisses,
und wir müßten sie auch in verschiedenen Farben leuchten
lassen. Das ließe sich mit Hilfe von Glühbirnen schon machen.
Auf Schwierigkeiten stoßen wir aber, wenn wir gleichzeitig
versuchen wollen, den Birnen die zu den Entfernungen pas-
sende Größe zu geben. Die Sonne dürfte nämlich in unserem
Modell nur einen Durchmesser von $^1/_{1\,000\,000}$ mm haben, und
selbst die dicksten Sterne dürften höchstens hundertmal so
groß sein. Wir werden also auf diesen Grad von Echtheit verzichten und uns mit überlebensgroßen Nadelköpfen abfinden
müssen. Auch so gibt unser Modell ein ganz anschauliches
Bild unserer nächsten Umgebung im Weltraum. Es ist allerdings möglich, daß noch einige Sterne anzubringen wären,
denen wir es noch nicht angemerkt haben, daß sie zu unserer
Nachbarschaft gehören. Die 36 Sterne unseres Verzeichnisses
sind ja Sterne, deren Entfernung gemessen worden ist, und
dazu muß ein Anlaß vorgelegen haben. Einige sind helle
Sterne und deswegen bearbeitet, bei den anderen, soweit sie
nicht Begleiter von hellen Sternen sind, hat die große Eigenbewegung zu dem Verdacht geführt, daß sie uns nahe sind.
Und da wir aus dem Gewimmel der schwachen Sterne durchaus noch nicht alle mit großer Eigenbewegung herausgefischt
haben, kann es sehr wohl noch fünf oder zehn oder fünfzehn
Sterne geben, die eigentlich in unser Modell gehören.

Mit noch größerem Ausfall müssen wir rechnen, wenn wir
die an Durchmesser doppelt und an Rauminhalt achtmal so
große Welt der rund hundert Sterne betrachten, die nicht
weiter als 32 Lichtjahre von uns entfernt sind, denn am Rande
dieses Raumes kann es auch schon Sterne geben, die wir wegen
ihrer geringen Helligkeit nicht sehen (es gibt ja auch ganz
dunkle Sterne!). Und wenn wir schließlich unser Modell so

erweitern, daß es 3 m Durchmesser hat, dann haben wir zwar die mehr als 2000 Sterne untergebracht, für die trigonometrische Parallaxen bestimmt sind, wir müssen uns aber eingestehen, daß das kein Modell der wirklichen Welt mehr ist. Es ist jetzt tausendmal so groß wie das erste mit 36 Sternen, enthält aber nicht einmal die hundertfache Zahl von Sternen. Hätten wir uns nicht vorher gründlich damit beschäftigt, wie die Entfernungsbestimmungen zustande kommen, dann würde uns der Anblick unseres Modells überzeugen, daß die Sterndichte nach außen schnell abnimmt und daß außerhalb dieser 3 m-Kugel die Welt bald ganz aufhört. So wissen wir aber, daß hier nicht die Welt, sondern unser Beobachtungsvermögen zu Ende ist. Wir sehen Sterne in mehr als genügender Zahl — 5000 bereits mit dem bloßen Auge, und die Bonner Durchmusterung des Nordhimmels enthält schon 300 000 Sterne, obwohl sie mit einem ganz kleinen Fernrohr durchgeführt worden ist —, wir können nur nicht herausfinden, welche in unseren Modellraum gehören.

Vorstoß ins Weite.

Daß wir in diese Außenwelt nicht mit der üblichen Art der Entfernungsmessung eindringen können, wissen wir (S. 36). Wir erinnern uns aber, daß es auch noch eine andere Möglichkeit gibt, auf die Entfernung eines Sterns zu schließen (S. 69). Wir brauchen dazu die scheinbare und die absolute Helligkeit des Sterns; aus diesen beiden Angaben ergibt sich durch eine ganz einfache Rechnung die Entfernung (photometrische Parallaxen). Uns nimmt die Tabelle auf S. 70 auch noch diese Arbeit ab. Wenn wir z. B. von einem Stern mit der scheinbaren Größe $m = 13$ in Erfahrung gebracht haben, daß er die absolute Größe $M = 2$ hat, finden wir neben dem Wert $m-M = 11$ in der ersten Spalte die Entfernung 5200 Lichtjahre in der zweiten. Die scheinbare Helligkeit können wir messen, die absolute Helligkeit müssen wir irgendwoher zu erfahren suchen. Eine Möglichkeit hierzu bieten Eigentümlichkeiten des Spektrums (spektroskopische Parallaxen, S. 111). Die heute bei dieser Methode erreichbare Genauigkeit ist schon

an der 150 Lichtjahr-Grenze sehr viel größer als die der
trigonometrischen Methode, und daß diese Sicherheit auch
für große Entfernungen unverändert erhalten bleibt, das
macht die Bedeutung dieser Methode für die Erkundung der
Sternenwelt aus. Eine Grenze gibt es allerdings auch hier:
man braucht gute Spektren, die Sterne dürfen also nicht zu
schwach sein. Für die rund 100 000 Sterne bis zur 9. Größe
dürfen wir wohl in absehbarer Zeit eine spektroskopische Bestimmung der Entfernung erwarten. Unter den Sternen
12. Größe, die mit etwas geringerer Genauigkeit erreicht worden sind, kommen schon Sterne mit großer Leuchtkraft vor,
die 10 000 Lichtjahre entfernt sind, es ist aber nicht anzunehmen, daß man die Gesamtheit der Sterne 12. Größe (mehr
als 1 Million) bearbeiten wird.

Wir stoßen hier also auf eine neue Grenze: es ist unmög-
lich, jeden einzelnen in der ungeheuren Menge der Sterne zu
betrachten und zu erforschen. Ein paar tausend Sterne werden
uns „persönlich“ bekannt, alle anderen bleiben „Sterne“, die
wir zählen und nach mancherlei Merkmalen sortieren können
(Ort, Helligkeit, Farbe oder Spektrum), ohne aber je bei einem
einzelnen *alles* in Erfahrung zu bringen, was ihn unter allen
anderen kenntlich machen würde (Entfernung, Masse, räumliche Größe, Leuchtkraft). Wir müssen uns damit abfinden,
daß unserer Erfahrung solche Grenzen gesetzt sind; den
Kampf um das „Chaos“ der Außenwelt geben wir aber trotzdem nicht auf.

Auf Umwegen zum Ziel.

Einen Weg können wir immer gehen: Wir können die
Sterne zählen. Die helleren Sterne sind gezählt; bis etwa zur
9. Größe herunter sind sie in den Durchmusterungen vollständig verzeichnet, bis zur 11. oder 12. Größe in den Katalogen der „photographischen Himmelskarte“. Die Millionen
von schwachen Sternen auf den photographischen Aufnahmen
der großen Fernrohre sämtlich zu zählen, würde viel Zeit
kosten, ist aber auch nicht nötig. Wo es sich um solche Mengen handelt, kann man sich mit Proben begnügen. Statt des
ganzen Himmels untersuchen wir ausgewählte Felder, die so

verteilt sind, daß sicher die verschiedenartigsten Teile des Himmels (Milchstraße!) durch Proben vertreten sind. Damit wir es ganz bequem haben, suchen wir uns ein Fernrohr aus, das gerade einen Quadratgrad auf der photographischen Platte abbildet, ein quadratisches Himmelsfeld also, auf dem sich vier Vollmonde unterbringen ließen. Mit diesem Fernrohr machen wir verschieden lange Aufnahmen. Zuerst belichten wir gerade so lange, daß die Sterne von der Helligkeit 8,0 noch abgebildet werden, schwächere aber nicht. Bei der nächsten Aufnahme belichten wir etwa dreimal solange, damit die Sterne bis zur Größe 9,0 sichtbar werden usw., bis wir schließlich die 21. Größenklasse erreicht haben. Wenn wir dann auf jeder der so erhaltenen Platten sämtliche Sterne zählen, wissen wir, wieviel Sterne bis zur 8., 9. . . . . . . Größe wir in der Richtung jedes Feldes sehen. Wir erhalten nicht überall die gleichen Zahlen, selbst benachbarte Felder können verschieden sein; ein Feld kann z. B. zwei oder drei helle Sterne enthalten, die Nachbarfelder gar keine. Damit uns diese Besonderheiten nicht stören, fassen wir die Zahlen aus ähnlichen Feldern zu Durchschnittswerten zusammen. In der folgenden Zusammenstellung bezieht sich die Spalte I auf Felder in der Milchstraße und ihrer nächsten Nachbarschaft, die Spalte II auf Felder, die weitab davon liegen.

Grenzgröße	Zahl der Sterne im Quadratgrad	
	I	II
8	1	—
9	3	—
10	8	1—2
11	21	4—5
12	55	10
13	145	21
14	370	45
15	910	87
16	2 140	160
17	4 800	290
18	10 200	480
19	21 000	760
20	40 000	1 180
21	74 000	1 660

Die Zahlen in der Spalte I sind noch viel größer, als wir erwarten konnten. Nicht viel weniger als 100 000 Sterne auf einem Quadratgrad! Und nach der Art, wie die Zahlen ansteigen, können wir sicher sein, daß wir auch das Doppelte noch erreichen, wenn wir ein paar Größenklassen weiterkommen! Gerade diese ungeheuren Mengen der schwachen Sterne sind es, die den milchigen, flächenhaften Schimmer der Milchstraße ausmachen.

Können wir aus diesen trockenen Zahlen irgendwelche lebendigen Schlüsse ziehen? Um nicht gleich im ersten Anlauf steckenzubleiben, wollen wir uns die Sache wieder sehr viel einfacher vorstellen, als sie ist. Wir wollen so tun, als hätten alle Sterne dieselbe absolute Helligkeit, dieselbe Leuchtkraft. Daß wir sie verschieden hell sehen, kann dann nur an ihren Entfernungen liegen, die scheinbare Helligkeit gibt uns die Entfernung an: die Sterne 6. Größe sind etwas mehr als $1\frac{1}{2}$mal so weit entfernt wie die Sterne 5. Größe (wie es auch die Tabelle S. 70 zeigt), die Sterne 7. Größe sind etwas mehr als $1\frac{1}{2}$mal so weit entfernt wie die Sterne 6. Größe usw. Das Raumgebiet, das wir durchsieben, wenn wir ein Himmelsfeld von einem Quadratgrad Größe durchzählen, ist eine Pyramide, die ihre Spitze in unserem Auge und überall, wo wir sie bei den Sternen mit der scheinbaren Helligkeit 1,0, 2,0 ...... 8,0, 9,0 ...... 21,0 abschneiden, quadratischen Querschnitt hat. Dieser Querschnitt wird immer größer, je weiter wir hinauskommen. Wenn wir in der doppelten Entfernung abschneiden, ist er 4mal so groß; noch mehr, nämlich auf das 8fache, wächst der Rauminhalt der Pyramide an und ebenso die Zahl der darin enthaltenen Sterne, wenn wir annehmen, daß sie überall gleich dicht stehen. Unsere nach Größenklassen fortschreitenden Schnitte folgen sich in etwas kürzeren Abständen, jeder folgende liegt etwa $1\frac{1}{2}$mal so weit weg wie der vorhergehende. Wir haben dementsprechend jedesmal, wenn wir unsere Sternzählung um eine Größenklasse weiter ausdehnen, zu erwarten, daß die Zahl der gezählten Sterne beinahe 4mal so groß wird wie vorher. Das ist aber nur so, wenn die Sterndichte überall dieselbe ist, wenn also überall in gleich großen Raumteilen gleich viele Sterne

134

vorhanden sind. Sind die Sterne in größeren Entfernungen
spärlicher vorhanden, dann müssen die Sternzahlen langsamer
anwachsen, und wo wir in eine Gegend größerer Sterndichte
geraten, müssen wir Sprünge von mehr als dem 4fachen antreffen. Es erscheint also wirklich möglich, aus solchen Sternzählungen etwas über den Bau unserer Sternenwelt zu erfahren. In unserer Zusammenstellung auf S. 133 ist das Verhältnis aufeinanderfolgender Sternzahlen nirgends 4:1, sondern immer kleiner. Das bedeutet nach unseren Überlegungen,
daß jedes hinzukommende Pyramidenstück weniger Sterne
hinzubringt, als es bei gleichbleibender Sterndichte sollte, daß
also die Sterndichte nach außen hin abnimmt. Abseits von der
Milchstraße (Spalte II) nimmt die Dichte offenbar sehr viel
schneller ab, und es sieht so aus, als näherten wir uns mit
unseren Zahlen schon einer Grenze, jenseits deren nichts mehr
hinzukommt. Hier hätten wir dann die Grenze unseres Sternsystems erreicht.

Wir wollen uns rasch daran erinnern, daß unsere schönen
einfachen Schlüsse auf der ganz und gar falschen Annahme
aufgebaut sind, daß alle Sterne dieselbe absolute Helligkeit
haben. Ein Blick auf die Abb. 65 zeigt uns, wie falsch diese
Annahme ist. Wir sehen allerdings auch, daß unsere falsche
Annahme beinahe richtig ist, wenn wir nicht alle Sterne zu-
sammenzählen, sondern jede Spektralklasse für sich. Bei den
ganz schwachen Sternen ist uns aber dieser Ausweg versperrt,
weil von ihrem Licht nichts mehr übrigbleibt, wenn wir es in
ein Spektrum auseinanderziehen. Leider zeigt uns die Abb. 65
auch, daß es bei den roten Sternen (Klassen K und M) zwei
Sorten von Sternen gibt. Schon in einem solchen Falle, wenn
es also z. B. nur Sterne mit der absoluten Helligkeit 5,0 und
solche mit der absoluten Helligkeit 15,0 gäbe, würde die Sach-
lage viel undurchsichtiger werden. Die Sterne der lichtschwachen Sorte hätten die scheinbare Helligkeit 15,0, wenn
wir sie aus einer Entfernung von 32½ Lichtjahren betrachten
würden (S. 69); in einer Entfernung von 3¼ Lichtjahren würden sie als Sterne der Größe 10,0 erscheinen. Näher wird uns
kaum ein Stern sein. Solange wir also durch unsere Zählung
die 10. Größe nicht erreicht haben, können wir noch keine

Sterne der schwachen Sorte mitgezählt haben. Die Zahl der bis dahin gezählten Sterne ist mit jeder Größenklasse auf das 4fache gestiegen und wächst auch so weiter. Von der 10. Größe an kommen aber außerdem noch die lichtschwachen Sterne hinzu. An dieser Stelle muß also ein größerer Sprung in den Sternzahlen auftreten.

Wie wir wissen, sind die Verhältnisse aber viel verwickelter. Zwischen gewissen Grenzen sind Sterne jeder beliebigen Leuchtkraft vorhanden. Unser einfaches Beispiel gibt uns aber Anlaß, zu glauben, daß es auch in dem verwickelteren Falle der Wirklichkeit möglich sein wird, einen Zusammenhang zwischen den Sternzahlen, die wir durch Sortieren und Zählen finden, und der Sterndichte in den verschiedenen Raumgebieten herzustellen. Mit etwas Mathematik und Geduld ist diese Aufgabe zu lösen. Wir müssen dabei aber annehmen, daß die Sterne von verschiedener absoluter Helligkeit in den Gebieten, in die uns unsere Zählungen führen, in demselben Verhältnis durcheinandergemischt sind wie in unserer näheren Umgebung, wo wir dieses Mischungsverhältnis feststellen können. Nach unseren bisherigen Erfahrungen scheint diese Annahme berechtigt zu sein; wir müssen aber darauf gefaßt sein, daß irgendwo, vielleicht gerade in den äußersten Teilen des Sternsystems, das Mischungsverhältnis etwas anders ist.

Das große Hindernis:
die Absorption des Lichts im Weltraum.

Es steckt aber noch eine andere Annahme in unseren Überlegungen, die wir bisher als selbstverständlich hingenommen haben. Wenn wir die scheinbare mit der absoluten Helligkeit verglichen, haben wir immer vorausgesetzt, daß der von einem Stern hervorgerufene Lichteindruck nur deswegen mit zunehmender Entfernung geringer wird, weil sich das Licht auf eine immer größer werdende Kugelfläche verteilt. Es ist aber auch möglich, daß im Weltraum Licht verschluckt wird. Von zwei gleich stark strahlenden Sternen würde dann von dem doppelt so weit entfernten nicht $\frac{1}{4}$ des Lichts in unser Fernrohr kommen, sondern noch weniger; wieviel weniger, würde davon abhängen, wieviel von der durchgehenden Strahlung verschluckt und zerstreut wird. Wenn eine solche allgemeine Absorption vorhanden ist, sehen wir alle Sterne schwächer, als sie ohne Absorption erscheinen würden; bei unserer bisherigen Art zu rechnen, haben wir ihnen daher zu große Entfernungen zugeschrieben, und zwar in um so schlimmerem Maße, je weiter sie entfernt sind. Es läßt sich natürlich ausrechnen, wie groß die Fehler sein können, die wir — vielleicht — gemacht haben. Wir wollen probeweise annehmen, daß die Weltraumabsorption das Licht jedes Sterns auf jedem Wegstück von 1000 Lichtjahren Länge um $^1/_6$ oder um $^1/_3$ Größenklasse schwächt (ein Stern in 3000 Lichtjahren Entfernung erscheint dann um eine halbe oder eine ganze, ein Stern in 30 000 Lichtjahren Entfernung um 5 oder um 10 Größenklassen schwächer als ohne Absorption). Was wir in den beiden Fällen statt der richtigen Entfernung r_0 herausgerechnet haben, zeigen die Spalten r_1 und r_2 der folgenden Tabelle:

r_0 (Lichtjahre)	r_1 (Lichtjahre)	r_2 (Lichtjahre)	Helligkeitsverminderung in Größenklassen	
10	10	10	$^1/_{600}$	$^1/_{300}$
100	101	102	$^1/_{60}$	$^1/_{30}$
500	520	540	$^1/_{12}$	$^1/_6$
1 000	1 080	1 170	$^1/_6$	$^1/_3$
2 000	2 330	2 720	$^1/_3$	$^2/_3$
3 000	3 780	4 750	$^1/_2$	1
4 000	5 440	7 390	$^2/_3$	$1\,^1/_3$
5 000	7 340	10 800	$^5/_6$	$1\,^2/_3$
10 000	21 500	46 400	$1\,^2/_3$	$3\,^1/_3$
20 000	93 000	431 000	$3\,^1/_3$	$6\,^2/_3$
30 000	300 000	3 000 000	5	10
40 000	860 000	19 000 000	$6\,^2/_3$	$13\,^1/_3$
50 000	2 300 000	108 000 000	$8\,^1/_3$	$16\,^2/_3$

Wir sehen daraus mit einigem Unbehagen, daß die Absorption nur bei den ganz kleinen Entfernungen harmlos ist, die großen aber so fälschen kann, daß wir zu einem ganz und gar verzerrten Weltbild kommen. Es könnte sein, daß die Abnahme der Sterndichte, die wir aus den Sternzahlen auf Seite 133 herausgelesen haben, gar nicht vorhanden ist und nur dadurch vorgetäuscht wird, daß wir die jeweils hinzukommenden Sterne in unserem Weltbild auf einen viel zu großen Raum verteilen. Während wir also ohne Berücksichtigung der Absorption zu der Vorstellung kommen, daß wir in einem abgegrenzten, nach außen hin immer dünner besiedelten Sternsystem leben, besagen dieselben Sternzählungen, wenn wir eine große Absorption annehmen, daß wir uns an irgendeinem Punkte in einem unabsehbaren Sternenmeer befinden.

Staubwolken im Sternsystem.

Es ist also dringend nötig, daß wir uns um die Absorption kümmern. Daß es so etwas gibt, ist nicht zu bezweifeln. Sehen wir

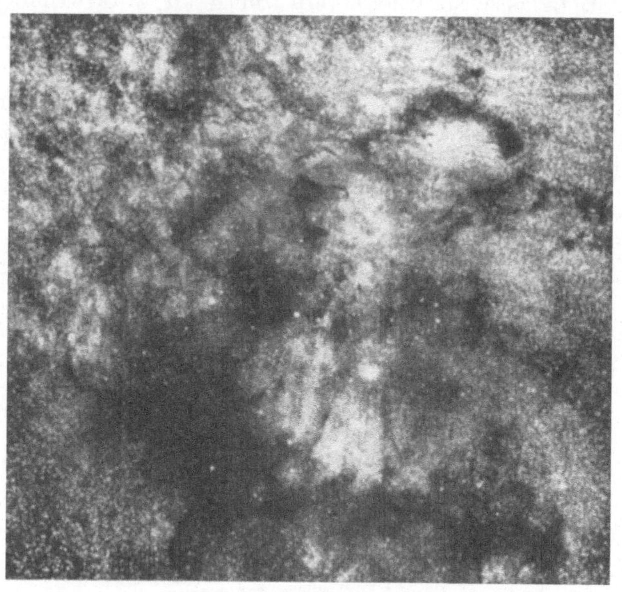

Abb. 78. Milchstraße im Sternbild Schlangenträger.
(Bruce-Refraktor der Yerkes-Sternwarte.)

uns doch einmal einige Milchstraßenaufnahmen an (Abb. 9, 78). Was bedeuten die „dunklen", d. h. sternarmen Gebiete, die Streifen, Kanäle oder die schwarzen Löcher? Gewiß, es könnte sein, daß die Sternwolken, die wir als Milchstraße sehen, hier gerade so liegen, daß wir zwischen ihnen hindurchsehen können in den leeren und daher dunklen Raum. Wenn wir aber

bedenken, daß wir Strecken von einigen Tausenden von Lichtjahren durchblicken, können wir es nicht für wahrscheinlich
halten, daß an so vielen Stellen die ganze Blickbahn *zwischen*
Sternwolken liegen soll. Es ist viel wahrscheinlicher, daß in
diesen Richtungen etwas im Wege ist, was uns den Ausblick
auf die fernen Sternwolken versperrt. Es gibt ja helle Nebel in

Abb. 79. Nebel im Sternbild Schwan.
(36 cm-Schmidt-Spiegel der Hamburger Sternwarte.)

großer Zahl (Abb. 9, 79, 80), und seitdem wir wissen, daß
sie nur leuchten, weil sie von Sternen in ihrer Nähe beleuchtet
werden, können wir sicher sein, daß es noch mehr *dunkle*
Nebel gibt, die wir nur bemerken, wo sie uns begrenzte Felder
in sternreichen Gebieten verdecken. Wir sehen an solchen
Stellen nur die Sterne, die *vor* der dunklen Wolke liegen,
wenn sie sehr dicht ist oder eine große Tiefe hat; verschluckt

sie nicht alles Licht der hinter ihr liegenden Sterne, so bewirkt sie doch, daß diese schwächer erscheinen, daß also von einer bestimmbaren scheinbaren Helligkeit ab die Zahl der Sterne kleiner ist als in der unverdunkelten Umgebung. In solchen Fällen läßt sich aus den Sternzählungen herauslesen, in welcher Entfernung die Wolke beginnt und aufhört. Die abge-

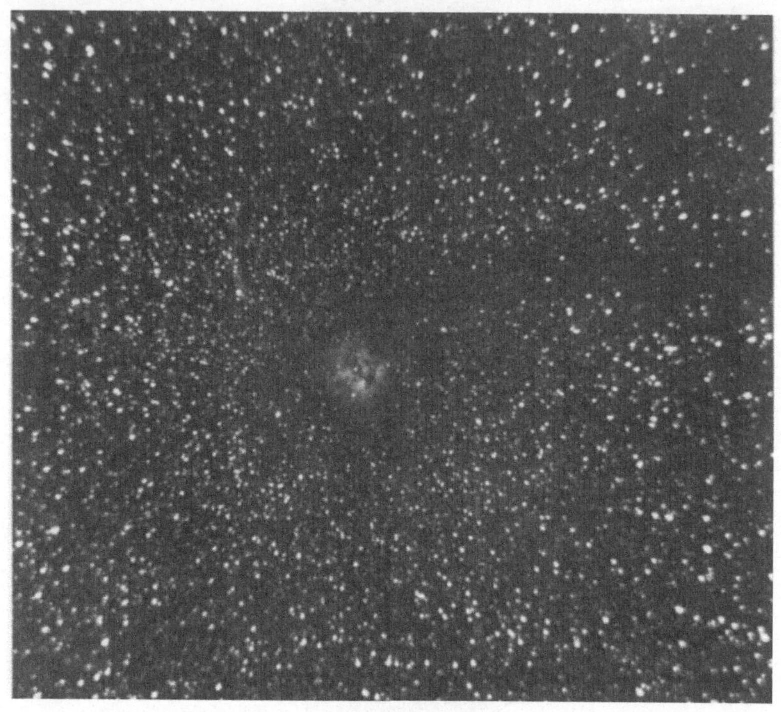

Abb. 80. Höhlennebel im Schwan (1 m-Spiegel der Hamburger Sternwarte).

bildete Wolke im Sternbild Schwan (Abb. 81, 82) ist z. B. 1500 Lichtjahre entfernt und hat eine Tiefe von 500 Lichtjahren. Wie wir uns solche kosmischen Wolken vorstellen sollen, läßt sich nicht genau sagen. Sie sind bestimmt sehr viel dünner als unsere irdischen Nebel oder Wolken, ja, auch noch sehr viel dünner als unsere Luft selbst, müssen aber in der Hauptsache nicht aus Gasen bestehen (weil diese zu wenig absorbieren), sondern aus irgendwelchem „Staub".

Nachdem wir das Vorhandensein solcher dunklen Wolken festgestellt haben, die teilweise große Himmelsgebiete bedecken, müssen wir es auch für möglich halten, daß unser

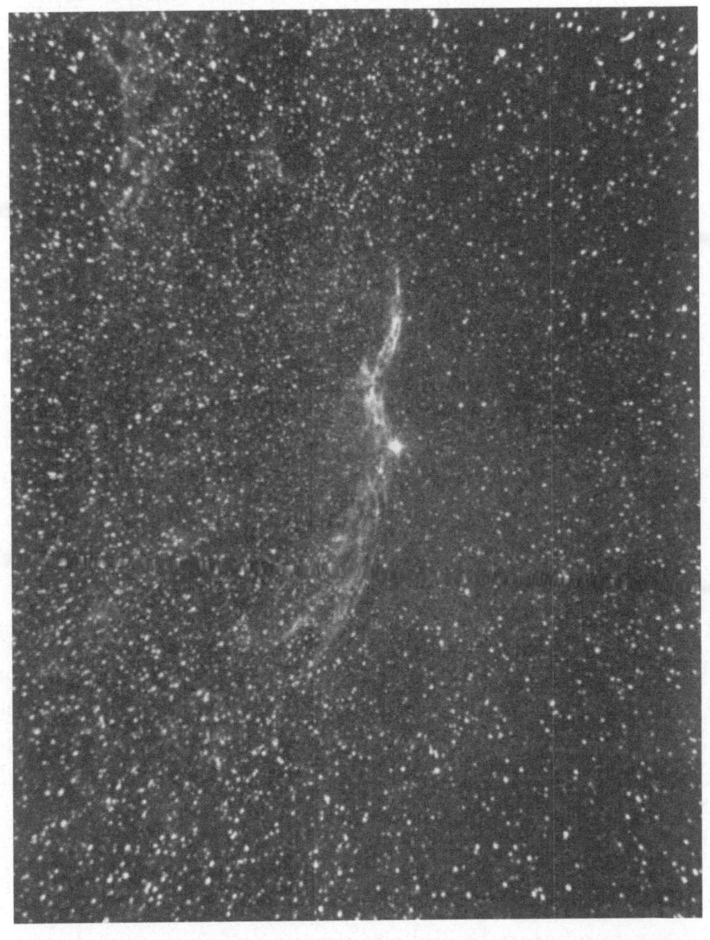

Abb. 81. Leuchtende Nebelkante im Schwan. Die rechte Hälfte des abgebildeten Himmelsfeldes sehen wir durch eine Staubwolke (1 m-Spiegel der Hamburger Sternwarte).

ganzes Sternsystem von dünnem Staub angefüllt ist, den wir nicht sehen können, weil er überall gleichmäßig vorhanden ist. Es gibt auch mancherlei Anzeichen dafür, und bei der Beschäftigung mit den Sternhaufen ist es gelungen, einiges über die Dichte und die Ausdehnung dieser Staubschicht herauszubekommen.

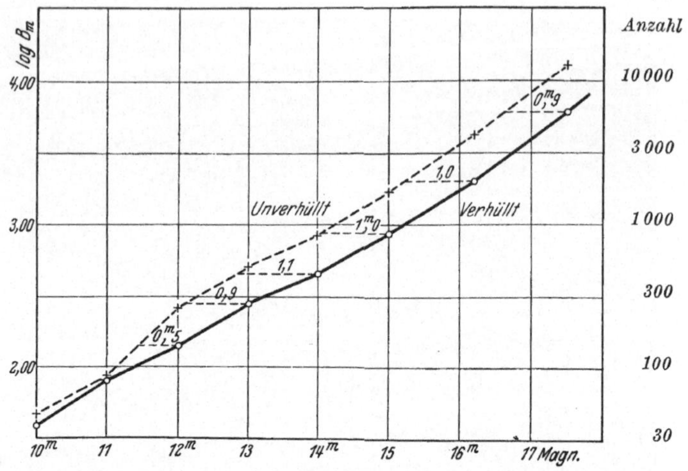

Abb. 82. Anzahl der Sterne im Quadratgrad (von den hellsten bis zur 10., 11., … Größe) auf der linken und rechten Seite der Abb. 81.

Die Sternhaufen.

Wir finden am Himmel zwei ganz verschiedene Arten von Sternhaufen. Die sogenannten *offenen Haufen* sind Gruppen von ein paar Dutzend bis zu ein paar Tausenden von Sternen in ganz unregelmäßiger Verteilung (Abb. 83), Sternfamilien mit eigener, gemeinsamer Vergangenheit und Zukunft, die zwischen die Einzelsterne unseres Systems eingestreut sind. Über ihre räumliche Anordnung wissen wir gut Bescheid, da für die Bestimmung der Entfernung eines Haufens (auch hier durch Spektraltypus und absolute Helligkeit in Verbindung mit der scheinbaren Helligkeit) mehrere, bei sternreichen und hellen Haufen viele Sterne verwendet werden können. Die offenen Haufen liegen sämtlich in einem flachen, linsenförmigen Raumgebiet, dessen größter Umkreis in der Ebene der Milchstraße liegt und einen Durchmesser von 30 000 Lichtjahren hat, während die Dicke (senkrecht zur Milchstraßenebene) nicht viel mehr als 3000 Lichtjahre beträgt.

142

Die *Kugelhaufen* sind ganz andere Gebilde (Abb. 84). Auf einem kreisrund begrenzten Fleck finden wir unzählbar viele Sterne beieinander. Bei manchen Haufen sind sie wirklich unzählbar, weil sie im inneren Teil so dicht stehen, daß sie gar nicht einzeln zu sehen sind. Es sind aber immer Hunderttausende, manchmal wohl auch Millionen. Diese Haufen sind

Abb. 83. Zwei benachbarte (offene) Sternhaufen im Perseus.
(Lippert-Astrograph der Hamburger Sternwarte.)

abgeschlossene Sternsysteme besonderer Art, und sie liegen auch weit außerhalb des Gebietes, in dem wir uns bisher bewegt haben. Wir kennen etwa 100 Kugelhaufen: der nächste ist 20000, der fernste fast 200000 Lichtjahre entfernt. Das sind so große Entfernungen, daß wir uns wohl über die Möglichkeit ihrer Bestimmung nochmals Rechenschaft geben müssen. Die Spektren lassen sich bei solchem Gewimmel von Sternen nicht mehr auseinanderhalten, wir müssen also nach anderen Kennzeichen für die absolute Helligkeit suchen. Ein etwas grobes, für den ersten Angriff aber ganz wirksames Verfahren

143

ist es, die 25 hellsten Sterne des Haufens herauszusuchen, ihre durchschnittliche scheinbare Helligkeit zu bestimmen und für ihre absolute Helligkeit den größten Wert anzusetzen, der uns sonst vorgekommen ist. Sehr viel sicherer ergibt sich die Entfernung der Haufen, in denen Blinksterne auftreten (S. 66). Wir wissen, daß die ganz schnell schwankenden Veränderlichen dieser Art (Perioden unter einem halben Tag) in der

Abb. 84. Kugeliger Sternhaufen im Sternbild Schlange.
(1 m-Spiegel der Hamburger Sternwarte.)

kleinen Magellanschen Wolke alle dieselbe Helligkeit, nämlich die absolute Helligkeit Null haben. Wenn solche Sterne also in einem Haufen die scheinbare Größe 18 haben, so hat er nach unserer Entfernungstafel (S. 70) eine Entfernung von 130 000 Lichtjahren. Es erscheint vielleicht etwas waghalsig, anzunehmen, daß solche Sterne überall, wo wir auf sie stoßen, dieselbe absolute Helligkeit haben sollen. Da wir ja aber überzeugt sind, daß die ausgesandte Lichtmenge und der Lichtwechsel durch den Zustand des Sterns physikalisch miteinander verbunden sind, glauben wir, zu einem solchen Schluß berechtigt zu sein.

144

Auch die Kugelhaufen liegen auf beiden Seiten der Milchstraße, auch sie werden etwas häufiger, wenn wir uns der Milchstraße nähern. In der Milchstraße und ganz dicht neben ihr, wo die offenen Haufen am häufigsten sind, sind aber gar keine Kugelhaufen zu finden. Sie liegen außerdem fast alle auf einer Seite des Himmels, die meisten und fernsten um das Sternbild Sagittarius herum.

Genaueres über die Wirkung der Absorption.

Ob die räumliche Anordnung der Sternhaufen so ist, wie sie sich hier ergeben hat, hängt ebenfalls von der Wirksamkeit der allgemeinen Absorption ab. Wir errechnen auch bei den Haufen zu große Entfernungen, wenn die scheinbare Helligkeit durch Absorption vermindert ist. Das macht sich bemerkbar, wenn wir aus der Ausdehnung der Haufen auf der photographischen Platte auf ihre wirkliche Ausdehnung schließen. Wenn wir uns einen Haufen in größerer Entfernung vorstellen, müssen wir ihm auch einen größeren Durchmesser zuschreiben, wenn er uns ebenso groß erscheinen soll. Je ferner der Haufen, um so größer muß sich also sein Durchmesser ergeben, wenn eine Absorption vorhanden ist und von uns bei der Rechnung nicht berücksichtigt wird. Auf eine solche Zunahme der errechneten Durchmesser mit zunehmender Entfernung ist man bei den offenen Haufen tatsächlich gestoßen; aus dem Grade der Zunahme und der Farbenänderung der Sterne — die Absorption macht die Sterne röter, weil hauptsächlich das blaue Licht zerstreut wird — müssen wir den Schluß ziehen, daß die Absorption in dem Raumgebiet, in dem wir offene Sternhaufen antreffen, durchschnittlich etwa $1/_6$ Größenklasse für 1000 Lichtjahre Lichtweg beträgt, aber durchaus nicht überall gleichmäßig vorhanden ist.

Bei den kugelförmigen Haufen findet man jedoch die ihren großen Entfernungen entsprechende Zunahme des Durchmessers mit der Entfernung nicht. Es gibt auch durchaus weiße Sterne in Kugelhaufen, was nicht möglich wäre, wenn ihr Licht 20 000 Jahre und länger durch absorbierenden und rötenden Staub liefe. Wir müssen daher annehmen, daß der

Staub einen begrenzten Raum in unserer Umgebung einnimmt, einen etwas größeren vielleicht als die offenen Sternhaufen. Das Licht der Kugelhaufen läuft also nur das letzte kurze Stück durch die Staubschicht und wird nur um ähnliche Beträge geschwächt wie das der offenen Haufen. Bei Kugelhaufen, die wir dicht neben der Milchstraße sehen, deren Licht also sehr schräg durch die absorbierende Schicht fällt und daher auch merklich röter ist, kann das zwei Größenklassen ausmachen, und das bedeutet nach unserer Tabelle, daß diese fernsten Haufen 2½mal so nahe sein können, wie wir dachten. Daß wir in der Milchstraße keine Kugelhaufen finden, wird hierdurch verständlich: die dort stehenden Haufen erleiden die größte mögliche Absorption von mehreren Größenklassen, und das reicht aus, sie für uns ganz auszulöschen. Wir finden dieselbe Erscheinung auch bei den noch weiter entfernten Spiralnebeln (S. 170), die im übrigen gleichmäßig über den Himmel verteilt sind, aber in einem unregelmäßig begrenzten Gürtel, der die Milchstraße enthält, gänzlich fehlen.

Völlig leer scheint der Raum zwischen den Sternen auch sonst nicht zu sein. Ein noch viel größeres Gebiet, vielleicht das ganze System, ist von einem dünnen Gasgemisch ausgefüllt, das keine allgemeine Absorption ausübt wie der Staub, sich aber durch Beeinflussung einzelner Wellenlängen im durchgehenden Fixsternlicht bemerkbar macht. Am häufigsten zeigt sich das Kalzium mit seiner K-Linie am violetten Ende des Spektrums. Diese Linie kommt auch sonst in den Spektren der Sterne vor, weil das Kalzium ebenso wie in den äußeren Schichten der Sonne in allen Sternatmosphären reichlich vorhanden ist. Es zeigte sich aber bei manchen spektroskopischen Doppelsternen die merkwürdige Erscheinung, daß die Kalziumlinie das Pendeln der anderen Linien (S. 119) nicht mitmacht, also offenbar nicht in den Atmosphären der beiden Sterne ihren Ursprung hat. Man konnte zunächst an eine Kalziumatmosphäre denken, die das ganze Doppelsternsystem umschließt und die „ruhenden" Linien hervorbringt. Inzwischen sind aber bei vielen Sternen Kalzium- und auch Natriumlinien nachgewiesen worden, bei denen sie nach ihrem Spektraltypus nicht zu erwarten sind, so daß wir zu der Annahme gedrängt werden, daß der ganze Raum zwischen den Sternen von solchen Gasen angefüllt ist. Die Linien sind auch im allgemeinen um so stärker, je weiter die Sterne von uns entfernt sind, je mehr Kalzium also vom Licht durchlaufen wird. Große Strecken müssen das schon sein, wenn überhaupt eine Wirkung zustande kommen soll, denn aus der Stärke der Linien bei Sternen mit bekannter Entfernung ergibt sich, daß in jedem Kubikzentimeter des Raums nur etwa 1 Atom Kalzium vorhanden ist, während ein solcher Fingerhut voll Luft 30 Trillionen Moleküle beherbergt und selbst, wenn wir ihn ganz leer pumpen, immer noch 30 Milliarden Moleküle enthält. Eine *allgemeine* Absorption wie der Staub übt dieses dünne Gas aber *nicht* aus.

Das Sternsystem.

Wir wissen also nun, wo die Absorption sitzt, und können ihre Wirkungen bei unseren Schlüssen in Rechnung setzen. Senkrecht zur Milchstraßenebene ist sie gering; wir können daher die Spalte II unserer Sternzahlen (S. 133) so deuten, als wenn gar keine Absorption vorhanden wäre. Sie besagt dann, da die Zahlen von einer Helligkeitsstufe zur nächsten nie auf das Vierfache, sondern im Anfang auf das Zweifache und am Schluß kaum noch auf das Eineinhalbfache ansteigen, daß die Sterndichte in diesen beiden Richtungen (oben und unten, nördlich und südlich von der Milchstraßenebene) schnell abnimmt. In einer Entfernung von 3000 Lichtjahren finden wir in dem gleichen Raumstück, das in unserer Nachbarschaft zwanzig Sterne beherbergt, nur noch einen, und weiter draußen erst in viel größeren Räumen einen. Das ist so, als wenn ein Wald nicht plötzlich aufhört, sondern allmählich lichter wird, bis man schließlich eher von einzelnen Bäumen im freien Felde als von einem Walde reden kann. Irgendwo bei diesem Übergang ist der Wald „zu Ende", und in diesem Sinne sprechen wir von einer Grenze unseres Sternsystems in etwa 3000 Lichtjahren Entfernung auf beiden Seiten der Milchstraße. In der Ebene der Milchstraße liegt diese Grenze sehr viel weiter entfernt. 12000 Lichtjahre würden wir errechnen, wenn wir die Spalte I so deuten würden wie die Spalte II. Hier müssen wir ja aber an die Absorption denken, und dann finden wir überhaupt keine 5%-Grenze. Die Dichte nimmt zwar auch zunächst ab, bleibt aber bei mindestens 25% der Dichte unserer Nachbarschaft bis zu Entfernungen von 30000 Lichtjahren, über die unsere Zählungen nicht hinausreichen. Das Sternsystem, dem wir angehören, nimmt also eine ganz flache Schicht des Weltraums ein und reicht in dieser Schicht weiter, als wir bisher übersehen können. Unsere Sonne steht mitten in dieser Schicht, nur wenig nördlich von der Mittelebene. Im übrigen brauchen wir aber nicht zu denken, daß wir der Mittelpunkt dieses Systems seien, weil die Sterndichte nach allen Seiten schnell abnimmt. Das besagt nur, daß unsere Sonne in einer Sternwolke von ein paar hundert Lichtjahren Durchmesser steht; in den anderen Sternwolken unseres Systems, die uns als Milchstraßenwolken erscheinen, kann die Dichte ebenso groß und größer sein. Der Anblick der Milchstraße (Abb. 85) sagt uns auch sofort, daß die Struktur unseres Sternsystems nicht so einfach sein kann, daß man von einer gleichartigen Abnahme der Sterndichte in allen Richtungen sprechen könnte. Wir sehen ja Stern*wolken*, die sich mehr oder weniger gegeneinander abheben und ganz so aussehen, als ob sie auch im Raume als dichtere Wolken in einer dünneren „Luft" von Sternen schweben, wobei wir allerdings bedenken müssen, daß so mancher Zug in der wolkigen Struktur der Milchstraße eine Täuschung ist, hervorgerufen durch dunkle Wolken in unserer Nachbarschaft! Es hatte aber doch seinen guten Sinn, zunächst einmal alles, was wir ringsherum zählen konnten, in einen Topf zu werfen: es ist uns auf diese Weise gelungen, ein einigermaßen sicheres Bild von der Ausdehnung unseres Systems zu bekommen.

Wir haben bisher in der Milchstraße noch keine äußere Grenze erreicht, aber wir glauben trotzdem nicht, daß sich unser Sternsystem als flache Scheibe bis in die Unendlichkeit erstreckt. Sobald es möglich wird, die Sternzählungen auf noch schwächere Sterne auszudehnen, werden wir irgendwo in Gegenden kommen, wo es anfängt, aufzuhören!

Es gibt mancherlei Anzeichen dafür, daß wir uns nicht im

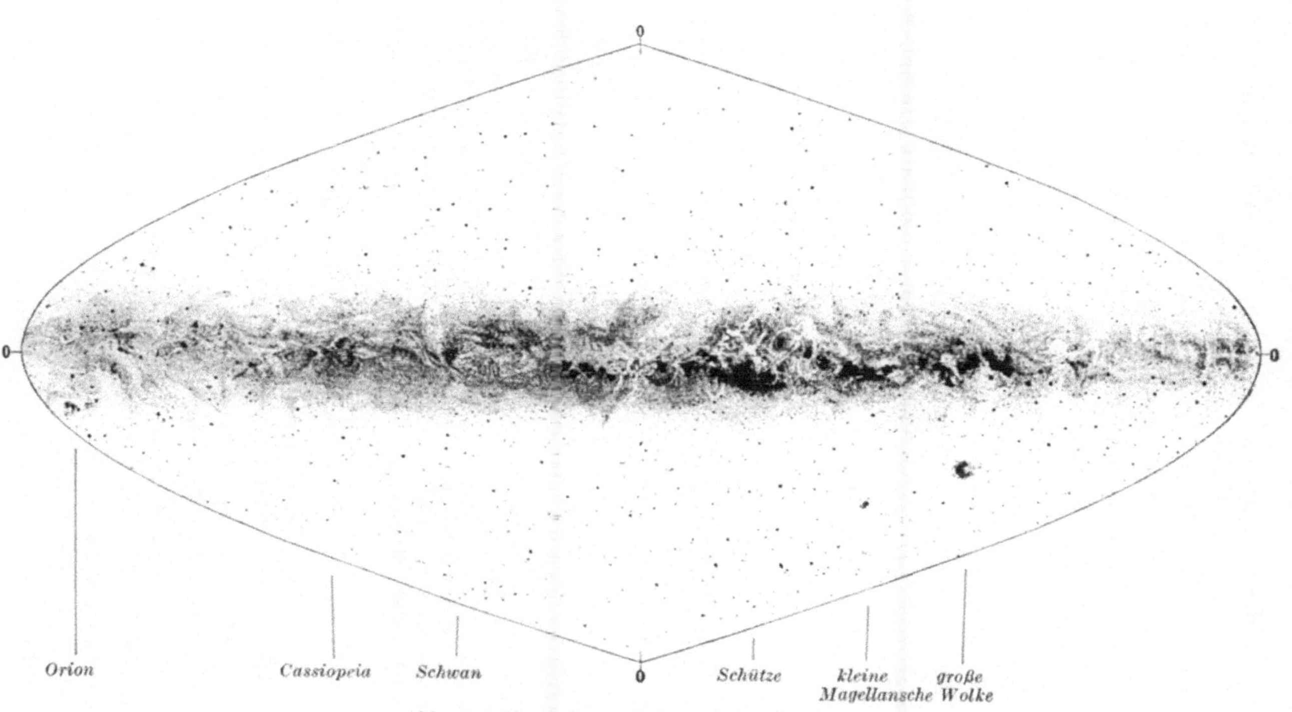

Abb. 85. Karte der Milchstraße. (Zeichnung.)

Mittelpunkt des Sternsystems befinden, daß es aber doch vielleicht einen solchen Mittelpunkt gibt. Die Sternzählungen ergeben eine größere Dichte in der Richtung, in der wir auch die Milchstraße am prächtigsten leuchten sehen: in der Gegend des Sternbildes Sagittarius (Bogenschütze), die in der geographischen Breite Deutschlands leider nur in den Sommermonaten kurze Zeit über dem Horizont erscheint. In dieser Gegend stößt man auch bei der Durchsuchung nach veränderlichen Sternen auf ungewöhnlich viele kurzperiodische Veränderliche, von denen wir wissen, daß sie die absolute Helligkeit Null haben (S. 67). Sie haben hier die scheinbare Helligkeit 15—16, liegen also in einem Gebiet, das (mit Berücksichtigung der Absorption) etwa 20000 bis 30000 Lichtjahre von uns entfernt ist. Auch neue Sterne treten hier besonders häufig auf. Die besondere Bedeutung dieser Himmelsrichtung tritt uns auch entgegen, wenn wir uns die Verteilung der Kugelhaufen vergegenwärtigen. Sie liegen fast alle in der einen Hälfte des

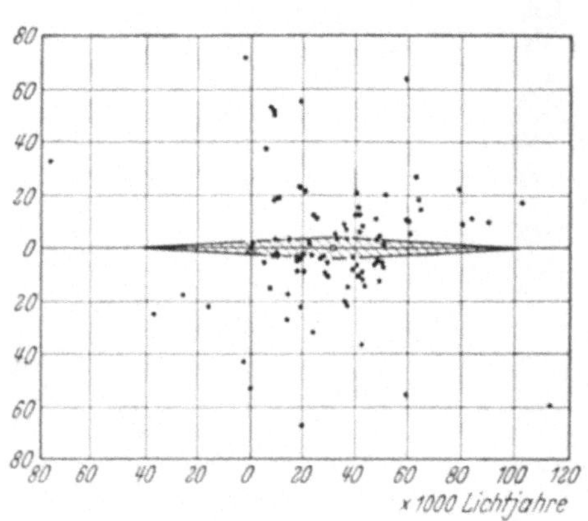

Abb. 86. Das Milchstraßensystem (schematisch) mit den Kugelhaufen. (Das × bezeichnet die Lage der Sonne.)

Himmels und sind in den Gebieten nördlich und südlich der Sagittariusgegend der Milchstraße am häufigsten (in der Milchstraße selbst werden sie ja durch die Absorption unsichtbar gemacht). Die Haufen mit den ganz großen Entfernungen liegen in dieser Richtung, und auch die Mitte des ganzen Systems der Kugelhaufen liegt dort in einer Entfernung von ebenfalls etwa 30000 Lichtjahren (Abb. 86).

Alles dies weist darauf hin, daß wir wohl in der Gegend, wo die Milchstraße die Sternbilder Sagittarius, Ophiuchus, Skorpion berührt, nach einem sehr massigen, sternreichen Kern unseres Systems zu suchen haben. Die Sternwolken, die wir dort sehen, sind wahrscheinlich nur Teile davon, Randgebiete, während die eigentlichen Kerngebiete hinter den dunklen Wolken verborgen sind, die dort die Milchstraße in zwei Arme aufteilen. Für die Erforschung der zentralen Teile unseres Sternsystems sind diese dunklen Wolken ein sehr großes Hindernis; sie zwingen uns, uns an ihrem Rande entlang zu tasten, um in den Kern hinein und möglichst über ihn hinaus zu gelangen. Nur Sterne von ganz großer Leuchtkraft können uns bis in diese Entfernungen leiten, und die müssen wir einzeln aufspüren in der großen Masse der näheren lichtschwachen Sterne.

Das Sternsystem, das sich jetzt vor unseren Blicken aufbaut, ist sehr viel größer, als wir im Anfang unserer Bemühungen ahnen konnten. Wir sind von seiner Mitte rund 30 000 Lichtjahre entfernt, vielleicht auch etwas weiter. Auf der anderen Seite des Himmels, wo wir am ehesten an den Rand des Systems kommen könnten, finden wir aber auch noch Sterne in Entfernungen von 30 000 Lichtjahren. In einem Abstand von 60 000 Lichtjahren von der Mitte gibt es demnach sicher noch Sterne, der Durchmesser des Systems beträgt also wahrscheinlich erheblich mehr als 100 000 Lichtjahre! So groß ist ja auch mindestens der Bereich, über den die kugelförmigen Sternhaufen verteilt sind, die wir nach ihrer gleichförmigen Verteilung nördlich und südlich der Milchstraße als Mitglieder des Milchstraßensystems ansehen müssen, obwohl die meisten von ihnen weit außerhalb des von Sternen erfüllten Gebietes liegen. *Ganz leer* scheint es auch sonst in diesen abgelegenen Gebieten nicht zu sein, man findet dort auch vereinzelte kurzperiodische Veränderliche. *Sehr leer* ist es aber bestimmt dort; die ein paar tausend Lichtjahre dicke, in der Umgebung des Kerns vielleicht etwas dickere Schicht der Milchstraßenwolken umschließt fast alles, was zu diesem System gehört: Milliarden von Sternen verschiedenster Größe, Masse, Leuchtkraft, Hunderte von Sternhaufen, Staub- und Gaswolken.

Die Bewegungen im Sternsystem: regellos oder geordnet?

Wir wissen bereits, daß dies Sternsystem kein starres, totes Gebäude ist. Eigenbewegungen und Radialgeschwindigkeiten haben uns darüber belehrt, daß sich die Sterne allesamt bewegen: mit ähnlichen Geschwindigkeiten wie unsere Sonne (S. 123), und, wie es uns schien, ziemlich regellos durcheinander. Wir sagen: *ziemlich* regellos, auch wenn wir noch gar keine Regelmäßigkeiten entdeckt haben, weil wir uns nicht recht vorstellen können, wie bei einem ganz ungeordneten Durcheinander von Bewegungen ein immerhin nicht ganz ungeordnetes System erhalten bleiben soll. Wir müssen aber daran denken, daß auch die Moleküle eines Gases in ganz ungeordneter Bewegung sind (S. 99), und daß trotzdem Gaskugeln als anscheinend sehr beständige Gebilde im Weltraum umherschweben. Genau so könnten wir uns das ganze Sternsystem bei ungeordneter Bewegung durch die Schwerkraft zusammengehalten denken. Selbst für die einzelnen Sterne wäre keine große Gefahr damit verbunden, da im Weltraum so viel Platz vorhanden ist, daß — im Gegensatz zu den Verhältnissen in einem Gase — nur ganz selten einmal ein Zusammenstoß vorkommt. Unsere Sonne kann nach den Regeln, die für solche „zufälligen" Ereignisse gelten, etliche Billionen Jahre durch den Weltraum segeln, ohne daß eine andere Sonne in den Bereich ihres Planetensystems gerät, und Trillionen von Jahren, ohne daß sie einen richtigen Zusammenstoß erfährt. Wie beim Glücksspiel und überall sonst, wo der Zufall herrscht, ist damit allerdings für das Einzelschicksal nicht viel gesagt: unsere Sonne kann noch viel länger unbehelligt bleiben, das seltene Ereignis kann aber auch schon — theoretisch — übermorgen eintreten. Recht genau ist aber damit festgelegt, wie selten sogar in der Milliardenmenge der Sterne unseres Systems solche Katastrophen vorkommen, und wie wenig sie für den Bestand des ganzen Systems zu bedeuten haben.

Wir können uns aber trotzdem mit der Vorstellung ganz ungeregelter Bewegung der Sterne nicht abfinden. Unser Sternsystem macht ja ganz und gar nicht den Eindruck einer „Gaskugel"; es ist überhaupt keine Kugel, sondern eine ganz flache Scheibe. Wir erinnern uns, daß unsere Erde keine vollkommene Kugel, sondern an den Polen etwas abgeplattet ist; der Durchmesser von Pol zu Pol ist nur 12 714 km lang, während die Äquatordurchmesser 12 756 km lang sind. Da der Poldurchmesser die Achse ist, um die sich die Erde dreht, sind wir gewiß, daß die Drehung der Erde die Ursache ihrer Abplattung ist. Die beiden großen Planeten Jupiter und Saturn, die sich schneller drehen als die Erde, zeigen eine größere Abplattung. Saturn zeigt uns noch etwas, was für uns aufschlußreich ist: seine Ringe sind ganz flache, in einer Ebene liegende Gebilde, und sie bestehen aus lauter kleinen Körpern, die um den Saturn laufen wie Monde oder wie die Planeten um die Sonne. Und auch die Planeten, die großen sowohl wie die vielen kleinen, bilden eine flache Scheibe, die die Sonne als Zentralkörper umgibt. Überall also, wo wir solche „Abplattungen" antreffen, sind Dreh- oder Umlaufbewegungen vorhanden, die sie hervorrufen oder durch ihre Mitwirkung im Entstehungs- und Entwicklungsgang hervorgerufen haben.

Wir haben also sicherlich ausreichende Gründe, auch in unserem großen Sternsystem nach Umlaufbewegungen zu suchen. Wie jemals Bewegungen in einem solchen System zustande kommen konnten, die schließlich zu einer allgemeinen Drehung um eine Achse geführt haben, ist rätselhaft. Wieviel von dieser Entwicklung vor oder nach der Bildung von Sternkugeln aus ursprünglich wohl unregelmäßig zerstreuter Materie liegt, ist uns vorläufig ganz unbekannt. Heute können aber sicher nur Umlaufbewegungen um den Kern des Systems vorhanden sein, die fast genau innerhalb einer Ebene, nämlich der durch die Milchstraße gekennzeichneten, vor sich gehen; sonst würde ja das System sehr bald nach oben und unten auseinanderlaufen, es könnte also auch heute nicht seine flache Gestalt haben.

Wir vermuten eine Drehung des ganzen Systems.

Sollte es nicht möglich sein, eine solche „Rotation der Milchstraße" festzustellen? Wo der Mittelpunkt des Systems sitzt, um den die Drehung erfolgt, wissen wir ziemlich gut: es muß wohl der dichte Kern sein, den wir in der Gegend der Sagittariuswolke in etwa 30 000 Lichtjahren Entfernung vermuten. Wir können uns auch Kenntnis von der Geschwindigkeit verschaffen, mit der wir unsere Bahn durchlaufen. Die kugelförmigen Sternhaufen verhelfen uns dazu. Sie drängen sich, wie die Abb. 86 zeigt, bei weitem nicht so sehr in die Milchstraßenebene wie das Heer der Sterne, und wir können das wohl als ein Anzeichen dafür betrachten, daß sie auch nicht an der allgemeinen Rotation des Systems teilnehmen. Aus ihren Radialgeschwindigkeiten, die ja angeben, wie sich unsere Sonne und jeder einzelne Haufen gegeneinander bewegen, können wir den Anteil herausschälen, der von der Bewegung der Sonne herrührt, ebenso, wie wir früher die Bewegung der Sonne mit Bezug auf die benachbarten Sterne bestimmt haben. Wir erhalten hier eine Geschwindigkeit von etwa 300 km in der Sekunde in einer Richtung, die wirklich senkrecht ist zu der Richtung nach dem mutmaßlichen Mittelpunkt des Systems. In der Ebene der Milchstraße liegt die so bestimmte Richtung allerdings nicht; da die Radialgeschwindigkeit bisher nur bei 80 Kugelhaufen bekannt ist, die obendrein für diese Rechnung ungünstig am Himmel verteilt sind, dürfen wir aber noch hoffen, daß diese Schwierigkeit durch die Bestimmung weiterer Radialgeschwindigkeiten behoben werden wird. Freilich dürfen wir auch die aus der Rechnung folgenden 300 km in der Sekunde nicht als unumstößlich richtig ansehen. Sicher ist aber wohl, daß die Sonne mit einer ungefähr so großen Geschwindigkeit in ihrer Bahn dahinzieht; und mit ungefähr der gleichen Geschwindigkeit und in der gleichen Richtung ziehen auch fast alle benachbarten Sterne, denn ihre Bewegungen gegen die Sonne sind ja nur klein im Vergleich mit der großen Umlaufbewegung, an der sie alle beteiligt sind.

Wie ist es nun, wenn wir den Sternen nachsehen, die in derselben Bahn vor uns herlaufen und wohl am wahrscheinlichsten dieselbe Geschwindigkeit haben? Die Abb. 87 zeigt, wie der Sehstrahl herumschwenkt, während wir ein Stück unserer Bahn durchlaufen. Um den Winkel zwischen den beiden Strahlen, der durch einen Pfeil gekennzeichnet ist,

müssen sich alle Sterne, die wir in dieser Richtung sehen, am
Himmel verschieben; eine solche gemeinsame Eigenbewegung
müssen wir also finden, wenn wir
ihre Örter zu verschiedenen Zeiten
messen. Wir wissen nun schon, daß
das eine heikle Aufgabe ist. Die
Sterne laufen nicht so harmlos hintereinander her, wie es uns lieb
wäre; sie gestatten sich eine erhebliche Bewegungsfreiheit, ähnlich wie
die Mücken oder die Fische eines
Schwarms, der als Ganzes irgend-
wohin wandert. Und obendrein ist
der Winkel, den wir suchen, sehr
klein trotz der großen Geschwindigkeit, mit der wir uns durch unsere

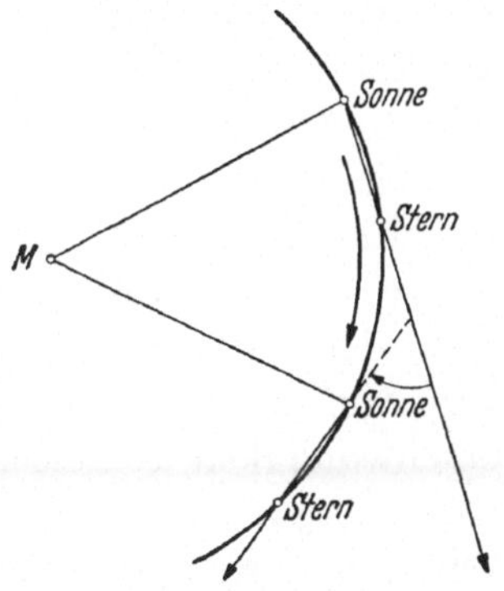

Abb. 87. Rotation des Sternsystems: Sonne und Stern in
derselben Bahn.

Bahn bewegen. Erst in 300000 Jahren schwenkt der Sehstrahl
über eine Vollmondbreite hinweg, und 200 Millionen Jahre
brauchen wir zur Vollendung eines Umlaufs. Was wir in einem
Zeitraum von 100 Jahren zu erwarten haben,
ist also nicht viel, und länger ist es noch nicht
her, daß wir Sternörter mit der hierfür
nötigen Genauigkeit messen. Die Bearbeitung
aller zuverlässigen Eigenbewegungen hat aber
trotzdem die gesuchte Drehung zutage ge-
fördert!

Schauen wir doch nun einmal nach den Sternen
aus, die neben uns herlaufen, innen oder außen.
Es ist nicht wahrscheinlich, daß sie das mit
derselben Geschwindigkeit tun. Im Sonnensystem laufen die Planeten um so schneller, je
näher sie der Sonne sind. Ein ähnliches Ver-
halten müssen wir auch im Sternsystem erwarten. Während also (Abb. 88) die Sonne

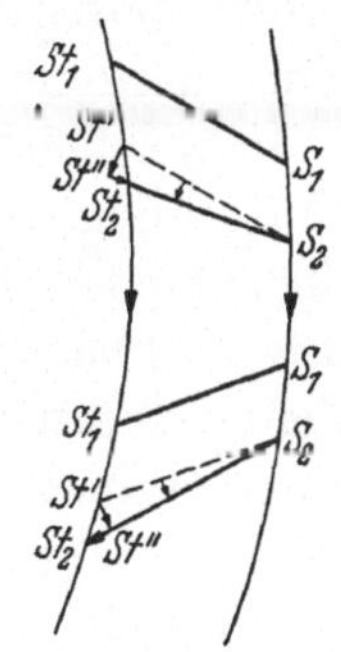

Abb. 88. Rota-
tion des Stern-
systems : Sonne
und Stern in ver-
schiedenen
Bahnen.

von S_1 nach S_2 gelangt ist, hat ein Stern St auf einer
weiter innen liegenden Bahn schon das größere Stück von St_1
nach St_2 zurückgelegt. Eine der Sonne gleiche Bewegung von
St_1 nach St' könnten wir gar nicht feststellen, weil sich dabei

die Lage des Sterns in bezug auf die Sonne nicht ändert. Was uns auffällt und gemessen werden kann, ist nur der überschüssige Teil von St' bis St_2, die relative Bewegung gegenüber der Sonne. Von der Sonne (S_2) aus gesehen, ändert der Stern seinen Ort am Himmel so, als wenn er von St' nach St'' gewandert wäre, und das stellen wir als Eigenbewegung fest. Gleichzeitig ändert sich aber auch seine Entfernung von der Sonne so, als wäre er von St'' nach St_2 gelaufen. Diese Änderung der Entfernung geht natürlich fortlaufend vor sich und wird von uns durch spektroskopische Beobachtung als Radialgeschwindigkeit gemessen. Es müßte also möglich sein, durch eine hierauf gerichtete Bearbeitung der Radialgeschwindigkeiten das Gesetz aufzudecken, nach dem die Umlaufsgeschwindigkeit mit der Entfernung vom Zentrum zusammenhängt, und damit Aufschluß darüber zu erhalten, ob die Massen in unserem Sternsystem ziemlich gleichmäßig verteilt sind oder sich stark um den Mittelpunkt drängen. Zu sicheren Schlüssen solcher Art reicht aber unser Vorrat an Radialgeschwindigkeiten noch nicht aus. Nur sehr weit entfernte Sterne können große Bewegungsunterschiede zeigen, und je ferner die Sterne sind, desto schwächer und schwerer beobachtbar sind sie.

In welchem Maße und in welchem Sinne (Annäherung oder Entfernung) sich die relative Bewegung in der Radialgeschwindigkeit ausdrückt, ist, wie sich aus der Abb. 88 ersehen läßt, davon abhängig, wie der beobachtete Stern zu uns und zum Zentrum des Systems steht. Es muß also auch möglich sein, aus den Radialgeschwindigkeiten in allen Teilen des Himmels abzuleiten, wo der Mittelpunkt des Systems zu suchen ist: es ergibt sich daraus dieselbe Richtung, in der wir auch aus anderen Gründen den Kern vermuten, und das gibt uns einige Sicherheit, daß unsere Vorstellung von der Rotation des Milchstraßensystems im großen und ganzen richtig ist. Eine weitere Stütze finden wir darin, daß diese Anzeichen einer Rotation sich nicht nur bei den Sternen zeigen, sondern auch in der Kalziumwolke, in die sie eingebettet sind (S. 146).

Wir ahnen die Fülle des Geschehens in der Welt der Sterne.

Wir dürfen nun nicht schon wieder glauben, daß wir mit unserem einfachen Schema das ausgedrückt haben, was wirklich vor sich geht. Was wir bisher gezeichnet haben, ist bestimmt nur eine ganz rohe Skizze. Es ist wohl richtig, daß die Sterne im allgemeinen innen mit größerer Geschwindigkeit umlaufen als außen. Es ist aber nicht richtig, zu glauben, daß alle Sterne in unserem Abstand vom Mittelpunkt mit derselben Geschwindigkeit umlaufen. Verschiedene Sorten von Sternen haben verschiedene Geschwindigkeiten, auch in unserer nächsten Nachbarschaft. Es gibt Sterne, die an der Rotation fast ebensowenig teilnehmen wie die Kugelhaufen; der Abstand zwischen uns und ihnen vergrößert sich sehr rasch, und wir messen Radialgeschwindigkeiten von mehr als 100 km in der Sekunde. So große Radialgeschwindigkeiten finden wir aber nur „hinter uns", nicht vor uns (die Schnelläufer sind in Wirklichkeit Langsamläufer). Es gibt also keine Sterne, die so viel *schneller* laufen als die Sonne. Es kann auch keine geben, da die Geschwindigkeit von 300 km in der Sekunde, mit der die Sonne umläuft, beinahe die größte in dieser Bahn mögliche Geschwindigkeit ist. Bei größerer Geschwindigkeit ist die Zentrifugalkraft größer als die nach innen ziehende Schwerkraft. So schnelle Sterne sind nicht zu halten, sie verlassen das Sternsystem für immer.

Aber auch das Sternenheer um uns herum, das im großen und ganzen mit derselben großen Geschwindigkeit wie die Sonne dahinzieht, marschiert nicht in Reih und Glied. Da gibt es Haufen von Sternen wie die Praesepe (Krippe) oder die Hyaden, die als abgeschlossene Gebilde mit einheitlicher Richtung und Geschwindigkeit scheinbar quer zur allgemeinen Zugrichtung wandern. In Wirklichkeit liegt ihre Bahn nur etwas schräg zur Bahn der Sonne, wie sich aus der Abb. 89 ergibt, in der der einfache Fall angenommen ist, daß Sonne und Sternhaufen an einem Fleck zusammengekommen und dann wieder auseinandergelaufen sind. Es gibt auch Wandergemeinschaften von Sternen, die wir nicht als Sternhaufen sehen, weil wir uns mitten zwischen ihnen befinden. Fünf helle Sterne des Großen Bären, Sirius, der zweithellste Stern im Fuhrmann, der hellste Stern der nördlichen Krone, Beta Eridani und viele schwächere Sterne in allen Teilen des Himmels bilden einen solchen Stern*strom*, dessen Mitglieder wir nur daran erkennen können, daß ihre Raumbewegungen parallel sind, und daß ihre Eigenbewegungen von allen den verschiedenen Himmelsgegenden her auf einen Punkt des Himmels zeigen (den Zielpunkt.)

Aber auch die übrigen Sterne, die nicht einem Haufen oder Strom angehören, ziehen nicht in parallelen Bahnen neben-, über- und untereinander daher. Wäre das so, dann würden ja nahe benachbarte Sterne ihre Stellung gegen uns fast gar nicht verändern, wir würden also bei ihnen keine Radialgeschwindigkeit und keine Eigenbewegung finden. Wir hätten dann auch nie eine Bewegung der Sonne in bezug auf die Gesamtheit der sie umgebenden Sterne finden können. Was wir von unserem Standpunkt aus sehen, ist ein buntes Durcheinander von Bewegungen. Da aber alle diese beobachteten Bewegungen mit ihren 10, 20 oder 30 km in der Sekunde klein sind im Vergleich zu der 300 km-Geschwindigkeit der Rotationsbewegung, so bedeutet keine dieser Bewegungen etwas anderes als eine mehr oder weniger große Abweichung von der Richtung der Kreisbahn. Aber schon das besagt etwas sehr Wichtiges: Es bedeutet, daß Sterne, die jetzt beieinander sind, langsam wieder auseinander laufen. Es bedeutet vielleicht auch, daß dichtere Zusammenballungen von Sternen wie die uns umgebende Sternwolke und die anderen Milchstraßenwolken keine Dauergebilde sind. Statt ihrer entstehen vielleicht an anderen Stellen des Systems neue Wolken — im Verlaufe von Jahrmillionen.

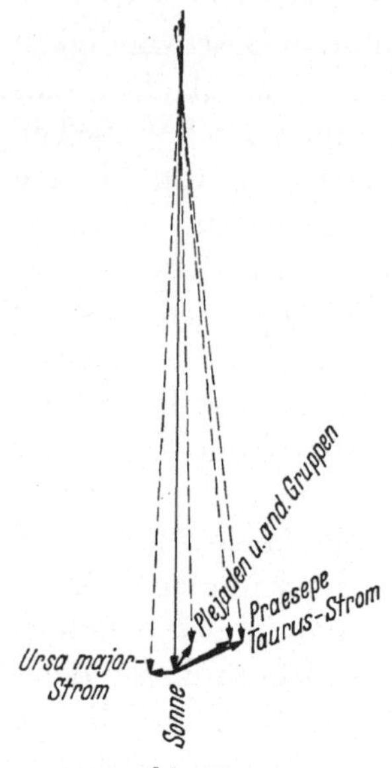

Abb. 89.
Wirkliche und scheinbare Bewegung der Sonne und benachbarter Sterne und Sterngruppen.

Vielleicht! Wir dürfen nicht vergessen, dieses Wort in jeden unserer Schlüsse hineinzusetzen. Jede Vorstellung, die wir uns gemacht haben oder machen können, bedeutet einen Versuch, das, was wir beobachten, als Teil eines großen, uns verborgenen Geschehens aufzufassen. Der Teil, den wir übersehen, ist aber räumlich so klein und zeitlich so kurz im Verhältnis zum Ganzen, daß nur das Vertrauen auf die Einheitlichkeit des physikalischen Geschehens in allen Teilen der Welt uns erlaubt, an die Möglichkeit einer Erkenntnis des Ganzen zu glauben.

II. Die große Welt.

Während wir noch voll damit beschäftigt sind, den Bau unseres Sternsystems wenigstens in seinen Grundzügen zu erfassen und die uns erkennbaren Vorgänge in dieser Welt der Sterne zu deuten, drängt sich schon eine neue, sehr ernste Frage hervor: Ist das nun „die Welt"? Schon heute können wir sagen: Nein, auch das ist nur ein Teil, ein sehr kleiner Teil der Welt! Wir behaupten das nicht, weil uns unsere Milchstraßenwelt noch nicht großartig genug erscheint, auch nicht aus dem ernsteren Grunde, weil eine übersehbare Welt, die in ein Nichts eingebettet ist, unserem Vorstellungsvermögen ernstliche Schwierigkeiten bereitet, sondern ganz einfach und nüchtern, weil wir Dinge am Himmel sehen, die nicht der Welt, mit der wir uns bisher beschäftigt haben, angehören. Die Abb. 13, 90 zeigen einige dieser „außergalaktischen" Gebilde (Galaxis = Milchstraße). Sie werden auch als Spiralnebel bezeichnet. Von einem dickeren Kern gehen an zwei gegenüberliegenden Punkten Strahlen aus, die sich in spiraligen Windungen um den Kern herumlegen. Nicht immer sind die Arme der Spirale so deutlich zu erkennen, häufig sind sie unregelmäßiger und verwaschener. So können aber überhaupt nur Spiralen aussehen, auf die wir von oben oder unten blicken. Viel häufiger sehen wir solche Gebilde schräg von der Seite (Abb. 91), und auf viele blicken wir in derselben Ebene,

in der die Spiralarme sich um den Kern winden (Abb. 92).
Es sind aber nicht alle außergalaktischen Nebel richtige Spiralen. Es gibt auch unter den größeren und näheren Nebeln
solche, die selbst bei Anwendung der größten Mittel keine

Abb. 90. Ein schöner Spiralnebel im Großen Bären.
(1 m-Spiegel der Hamburger Sternwarte.)

spiralige Struktur erkennen lassen (Abb. 93). Bei Berücksichtigung verschiedener Merkmale wie Größe, Gesamthelligkeit,
Spektrum läßt sich eine Folge der außergalaktischen Nebel
aufstellen, die von den strukturlosen kreisförmigen und elliptischen Nebeln über die dichten zu den lockeren Spiralen
führt und vielleicht eine fortlaufende Entwicklung darstellt.

160

Abb. 91. Eine anders gesehene Spirale im Großen Bären.
(1 m-Spiegel der Hamburger Sternwarte).

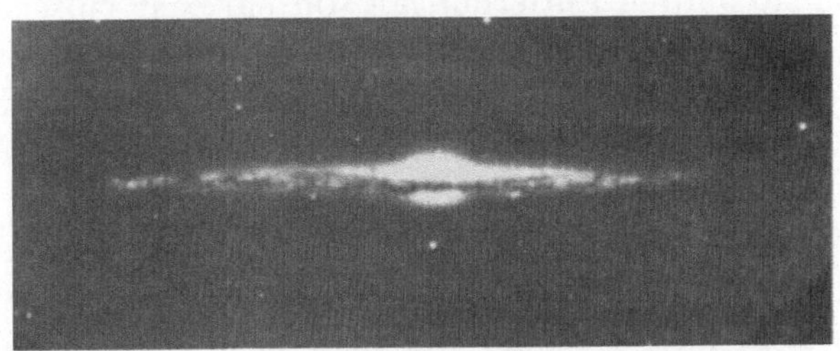

Abb. 92. Von der Seite gesehene Spirale im Sternbild Berenikes Haar.
(2$^1/_2$ m-Spiegel der Mount Wilson-Sternwarte.)

Nicht einzuordnen sind die ganz unregelmäßigen Nebel (wenige Prozente der Gesamtzahl), zu denen auch die uns nahe benachbarten Magellanschen Wolken gehören (Abb. 94).

Abb. 93. Nicht auflösbarer Spiralnebel im Sternbild Sextant.
(Mount Wilson-Aufnahme.)

Die Spiralnebel sind Sternsysteme.

Die „Nebelflecke" sind schon vor 200 Jahren als ferne Sternsysteme angesehen worden, man hat ihnen aber auch noch vor 20 Jahren Entfernungen von ein paar tausend Lichtjahren zugeschrieben. Eine Entscheidung konnte auch erst fallen, als mit Hilfe der großen amerikanischen Spiegelteleskope Aufnahmen der großen Spiralen gelangen, auf denen sich — wenigstens in den äußeren Teilen der Spiralen — *einzelne Sterne* erkennen ließen (Abb. 95). Damit war entschieden, daß die Spiralnebel keine Nebel sind, sondern *Sternhaufen* oder *Sternsysteme*, wie man nach ihrem kontinuierlichen, mit Absorptionslinien durchsetzten Spektrum schon vorher vermutet hat.

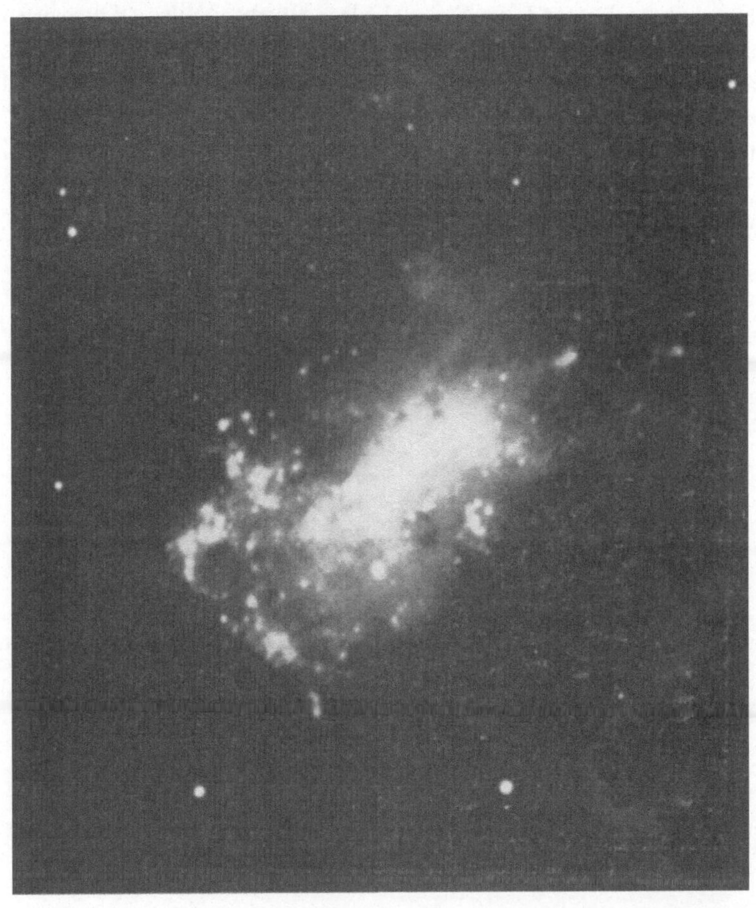

Abb. 94. Ein unregelmäßiges Sternsystem im Sternbild Jagdhunde.
(Mount Wilson-Aufnahme.)

Hundert Millionen Milchstraßen?

Die Zahl der „auswärtigen“ Sternsysteme ist ungeheuer
groß. Noch jedesmal, wenn ein neues, größeres Fernrohr in
Betrieb genommen wurde, stieg die Anzahl der auf den Aufnahmen erscheinenden Nebel gewaltig an, so daß wir annehmen müssen, daß wir auch in den fernsten bisher erreichten
Gebieten noch nicht an einer Grenze des von Sternsystemen
erfüllten Weltalls angelangt sind. Das bis jetzt lichtstärkste

Fernrohr, der $2^1/_2$ m-Spiegel des Mount Wilson-Observatoriums, macht, wie man nach dem Ertrag der wirklich bearbeiteten Felder abschätzen kann, am ganzen Himmel 100 Millionen Sternsysteme sichtbar (abseits von der Milchstraße findet man unter den schwächsten Objekten mehr Nebel als Sterne), und der im Bau befindliche 5 m-Spiegel wird uns vermutlich auch noch nicht an eine Grenze führen.

Abb. 95. Ecke der großen Spirale im Sternbild Andromeda Abb. 98.
($2^1/_2$ m-Spiegel der Mount Wilson-Sternwarte.)

Im Anblick dieser „Welt von Welten" möchten wir zweierlei wissen: Wie groß ist sie? Sind die einzelnen Glieder dieser Welt Sternsysteme von der gleichen Art und von der gleichen Größe wie unser eigenes Sternsystem?

Wenn wir die Bilder der größeren Spiralen betrachten, können wir uns wohl vorstellen, daß sich von einem Stern in ihrem Innern aus ein Anblick bietet, der unserem Himmel sehr ähnlich ist: helle und schwache Sterne der näheren Umgebung und ringsherum ein leuchtender Ring nicht einzeln sichtbarer Sterne, in vielen Fällen zu Sternwolken zusammengeballt, wie wir sie in unserer Milchstraße sehen. Und auch

164

die dunklen Staubmassen, die uns bei der Erforschung unseres Systems so viele Sorgen bereitet haben, fehlen nicht, wie die Bilder fast aller von der Seite gesehenen Spiralen erkennen lassen! (Abb. 92.) Ja, die Ähnlichkeit ist noch vollständiger: Selbst die kugelförmigen Zusammenballungen von einigen Zehntausenden oder Hunderttausenden von Sternen, die man als eine Merkwürdigkeit unseres Systems ansehen könnte, sind in vielen außergalaktischen Nebeln zu finden.

Die Entfernungen der Spiralnebel.

Um entscheiden zu können, ob auch die Größe dieser Sternsysteme etwa die gleiche ist wie die des Milchstraßensystems, müssen wir ihre Entfernungen feststellen, denn nur dann können wir aus ihrer scheinbaren Ausdehnung am Himmel ihre wahre Größe berechnen. Daß das bei so fernen Dingen schwierig ist, ist uns schon früher bewußt geworden, z. B. bei den Kugelhaufen; hier werden die Hindernisse aber fast unübersteiglich. Die Messung irgendwelcher Parallaxen kommt für solche Entfernungen längst nicht mehr in Betracht, und es bleibt immer nur der eine Weg: Wir müssen *Sterne* auffinden, deren wirkliche Helligkeit wir kennen, und ihre scheinbare Helligkeit messen; der Unterschied beider gibt uns die Entfernung (S. 70), falls nicht das Licht auf dem langen Wege eine Schwächung erleidet und uns dadurch alles zu lichtschwach und damit zu fern erscheint. In einigen nahen Spiralen haben uns veränderliche Sterne vom Blinktypus (S. 66) zu einer recht guten Kenntnis ihrer Entfernung verholfen. Im großen Andromedanebel sind 40, im Triangulumnebel 35 solche Veränderliche erkannt worden; für diese beiden größten Spiralen ergibt sich hieraus fast übereinstimmend eine Entfernung von 700 000 Lichtjahren, sie liegen also weit abseits von unserem Sternsystem, dessen Durchmesser wir auf 100 000 Lichtjahre geschätzt haben.

Für die anderen Spiralen steht uns leider dieses sicherste Hilfsmittel nicht zur Verfügung. In etwa einem Dutzend Spiralen sind aber neue Sterne festgestellt worden (Abb. 96), die noch etwas heller werden als die Blinkveränderlichen, im Andromedanebel allein über 100 innerhalb von 50 Jahren (gegenüber etwa 40 bisher bekanntgewordenen in unserem System!). Die Beobachtung der Helligkeit der neuen Sterne des Andromedanebels gibt uns im Zusammenhang mit der gut bekannten Entfernung einen recht sicheren Durchschnittswert für die Leuchtkraft, die von neuen Sternen in ihrem hellsten Glanze erreicht wird. Ihre scheinbare Helligkeit in anderen Spiralen gibt uns also eine Auskunft über deren Entfernung,

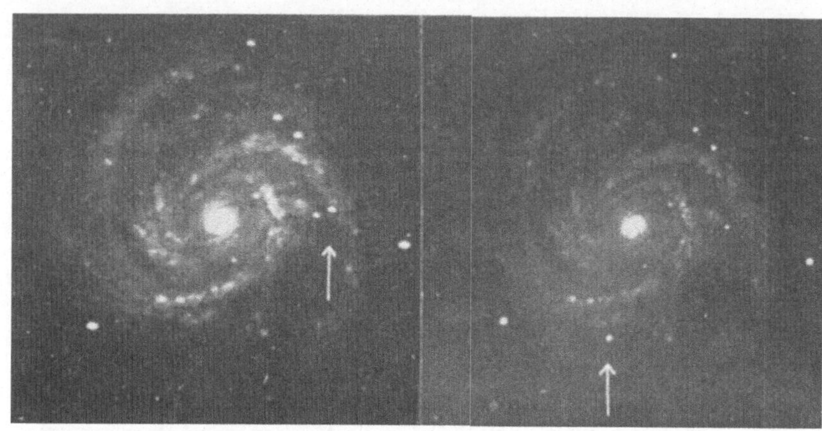

Abb. 96. Zwei Aufnahmen desselben Spiralnebels; auf jeder erscheint ein Stern, der auf der anderen fehlt. (Aufnahmen der Lick-Sternwarte 1901 und 1914.)

leider aber nur eine sehr ungenaue, da in anderen Spiralen bisher nur jeweils ein oder zwei neue Sterne gefunden worden sind und wir nicht von jeder Nova annehmen können, daß sie genau die durchschnittliche Leuchtkraft erreicht. Wir müssen deshalb als Brücke von den schon gesicherten zu den ferneren Nebeln die Sterne wählen, die wir, wenn wir überhaupt einzelne Sterne erkennen können, immer zur Verfügung haben: die *hellsten* Sterne. Es gibt theoretische Gründe, die es wahrscheinlich machen, daß Sterne nicht beliebig hell werden können. Aber auch unsere Erfahrung zeigt uns sowohl im galaktischen wie in den nahen außergalaktischen Systemen, daß die drei oder vier hellsten Sterne jedes Systems (Sterne vom Typus O und B) im Durchschnitt immer die gleiche Helligkeit

166

haben, die noch etwas höher liegt als die der neuen Sterne. Wir kommen daher bei allen auflösbaren Nebeln zu einem Wert für ihre Entfernung, wenn wir die Helligkeit ihrer hellsten Sterne messen. Das mit der nötigen Genauigkeit auszuführen, ist, da es sich doch bei den fernen Nebeln um ganz schwache, eben noch erkennbare Sterne handelt (20. und 21. Größenklasse), eine der schwierigsten Aufgaben der Beobachtungstechnik. Aber daneben müssen wir auch hier wieder bedenken, daß nicht in jedem einzelnen Sternsystem die von uns angenommene Maximalhelligkeit erreicht zu sein braucht, die ja als Durchschnittswert für eine größere Zahl von Nebeln bestimmt ist und daher auch nur für eine Zusammenfassung von mehreren Systemen volle Gültigkeit hat. Glücklicherweise kommt uns in diesem Falle die Natur entgegen. Es gibt *Nebelhaufen*, Gruppen von 3 oder 10 oder 20 Nebeln, aber auch wirkliche Haufen mit ein paar hundert oder gar ein paar tausend Nebeln (Abb. 97). In einem solchen Haufen, dem offenbar nächsten, der im Sternbild Virgo (Jungfrau) liegt, konnte eine ganze Menge Spiralen aufgelöst werden. Mit Hilfe ihrer hellsten Sterne ergibt sich für den Haufen eine ziemlich sichere Entfernung von sieben Millionen Lichtjahren. Alle anderen Nebelhaufen, von denen bis jetzt etwa 20 bekannt sind, sind zu weit von uns entfernt, als daß wir Sterne in ihnen erkennen könnten. Nur in dem ganz seltenen Falle einer *Supernova*, die noch etwa 8 Größenklassen heller wird als die sonst hellsten Sterne (also vorübergehend ebensoviel Licht ausstrahlt wie das ganze Sternsystem, dem sie angehört), könnte uns das gelingen. Wir haben aber im Bereiche der Nebelhaufen durch die große Zahl der in ihnen vereinigten Mitglieder noch eine weitere statistische Möglichkeit. Wir können die Helligkeit der Nebel selbst bestimmen, sowohl ihre durchschnittliche Helligkeit wie auch die Verteilung der einzelnen Helligkeiten um diesen Mittelwert herum. Wenn wir in den verschiedenen Haufen die gleiche Verteilung antreffen, ist es sehr wahrscheinlich, daß die durchschnittlichen Helligkeiten zu derselben Leuchtkraft gehören und uns deshalb die relativen Entfernungen angeben. Durch eine sonstwie bestimmte Haufenentfernung — und die liefert uns der Virgo-

Haufen — werden uns so die Entfernungen der Nebelhaufen, die die fernsten uns erkennbaren Gebilde sind, bekannt.

Wir sehen: Es ist ein mühsames Tasten, das hier an die Stelle glatter ·Messung und Rechnung treten muß. Welcher Weg in jedem Falle zu wählen ist, entscheidet nur noch das „Fingerspitzengefühl" des Forschers, der mit allem, was die Beobachtung liefert, aufs engste vertraut ist.

Abb. 97. Ein Himmelsfeld, in dem man eine große Zahl von spiraligen und runden Nebeln findet. (1 m-Spiegel der Hamburger Sternwarte.)

Unsere Stellung in der Welt der Sternsysteme.

Was wir aus den Entfernungen, die sich so bestimmen lassen, erkennen können, ist dies: Wir gehören zu einer Gruppe von Sternsystemen, die verhältnismäßig nahe beieinander liegen. Mit·Sicherheit sind bisher 9 Systeme als zugehörig erkannt: unser eigenes System mit der großen und der kleinen Magellanschen Wolke in 85000 und 95000 Lichtjahren Ent-

fernung, also nicht weiter von uns entfernt als die ferneren
der Kugelhaufen unseres Systems, der große Andromedanebel mit seinen beiden kleineren elliptischen Begleitern in
rund 700 000 Lichtjahren Entfernung (Abb. 98), der weit auf-
gelöste Spiralnebel im Triangulum, der von uns ebenso weit,

Abb. 98. Himmelsfeld mit dem großen Andromeda-Nebel und seinen beiden
Begleitern (dicht unter und rechts oberhalb vom Kern).
(36 cm-Schmidt-Spiegel der Hamburger Sternwarte.)

vom Andromedanebel aber weniger als 200 000 Lichtjahre
entfernt ist, und zwei kleinere unregelmäßige Systeme.

In Entfernungen von 4 Millionen Lichtjahren stoßen wir
auf die ersten der „fremden" Nebel, die den ganzen für uns
durchforschbaren Raum auszufüllen scheinen als Einzelnebel,
Nebelgruppen und Nebelhaufen. Den schwächsten Nebeln, die
sich auf den Platten des Mount Wilson-Spiegels erkennen lassen, müssen wir eine Entfernung von ungefähr 500 Millionen

Lichtjahren zuschreiben. Seit die Lichtstrahlen, durch die uns die Sternsysteme heute sichtbar werden, von ihnen weggingen, hat unsere Sonne vermutlich schon zweimal den Kern unseres Sternsystems umkreist (S. 155), aber unsere Erde ist auch damals schon ungefähr so wie heute vorhanden gewesen (S. 114). Die Verteilung der Nebel erscheint auf den ersten Blick sehr ungleichmäßig, sie fehlen z. B. ganz in der Zone der Milchstraße. Wir wissen jedoch von der Betrachtung der Kugelhaufen her, daß das eine Folge der Lichtabsorption in den dunklen Staubmassen unseres Systems ist (S. 145). Wenn man alles, was darüber bekannt ist, berücksichtigt, ergibt sich, daß — im großen gesehen — der Weltraum gleichmäßig von Sternsystemen erfüllt ist.

Sind das nun alles Sternsysteme von derselben Art und Größe wie das unserige? Wir haben gesehen, daß es verschiedene Arten, vielleicht verschiedene Entwicklungsstufen von Sternsystemen gibt. Die Nebel scheinen um so mehr an Ausdehnung zu gewinnen, je mehr sie sich von der elliptischen Form her nach dem Zustand der aufgelockerten Spiralen hin entwickeln. Unser Milchstraßensystem müssen wir augenscheinlich mit den mittleren oder aufgelösteren Spiralen vergleichen. Daß wir dort alles finden, was uns von unserem System her vertraut ist, haben wir schon festgestellt: Sterne aller Sorten, offene und kugelförmige Sternhaufen, Gasnebel, Staubwolken. Wenn wir allerdings aus der scheinbaren Ausdehnung mit Hilfe der Entfernung die wahre Ausdehnung berechnen, kommen wir in keinem Falle auf einen Durchmesser von 100000 oder noch mehr Lichtjahren, wie wir ihn für unser System gefunden haben. Die meisten ergeben sich kleiner als 10000 Lichtjahre, und selbst bei dem anscheinend besonders großen Andromedanebel ergeben die auf den Platten sichtbaren Umrisse nur 40000 Lichtjahre. Wir müssen dabei aber bedenken, daß unsere Schätzung sich in beiden Fällen auf verschiedene Merkmale bezieht. Der größte Wert für den Durchmesser unseres Systems, nahezu 200000 Lichtjahre, bezeichnet den Bereich, in dem Kugelhaufen vorhanden sind. Bei den auswärtigen Systemen messen wir aber als äußere Begrenzung jene Gebiete, in denen die Sternfülle noch groß genug ist, um auf den Platten sichtbar zu werden, und welchen Teilen unseres Systems das entspricht, können wir nicht sagen. Im Andromedanebel jedoch können wir noch weit außerhalb der sichtbaren Spirale Kugelhaufen feststellen, und durch verfeinerte photometrische Messungen ist nachträglich eine fast doppelt so große Ausdehnung der Nebelfläche wie früher gefunden worden. Das Milchstraßensystem und der Andromedanebel sind also Sternsysteme von ähnlicher Größe, sie scheinen jedoch zu den größten vorkommenden Systemen zu gehören.

Der spiralige Bau der Sternsysteme.

Wir haben bisher noch gar keine Zeit gefunden, uns über die spiralige Form an sich zu wundern, obwohl zweifellos Anlaß genug dazu vorliegt. Warum haben die Sternsysteme, wenigstens in den späteren Zeiten ihrer Entwicklung (vorausgesetzt, daß wir die Folge der Formen als Entwicklungsfolge ansehen dürfen!), einen spiraligen Bau? Daß das in den Bewegungsverhältnissen in den verschiedenen Zeiträumen der Entwicklung begründet ist, scheint uns sicher, und es sind mancherlei Vorstellungen über die möglichen Vorgänge entwickelt worden. Daß aus einer rotierenden Gasmasse beim Überschreiten einer gewissen Rotationsgeschwindigkeit an zwei entgegengesetzt liegenden Punkten ihres Äquators Materie ausströmt, erscheint auch theoretisch möglich (die Bildung des Planetensystems aus der Sonne kann ein solcher Vorgang in kleinerem Maßstabe gewesen sein), über die weitere Verteilung und Bewegung der Materie sind aber bis jetzt noch sehr verschiedenartige Ansichten möglich, weil es noch ganz an den zur Beurteilung dieser Fragen nötigen Beobachtungsgrundlagen fehlt. Eine Rotation ist sicher überall vorhanden. Wir haben sie im Milchstraßensystem festgestellt, und sie konnte auch in einigen Spiralen spektroskopisch nachgewiesen werden. Wenn man z. B. im Andromedanebel die Geschwindigkeit an verschiedenen Punkten des längsten Durchmessers mißt, findet man, daß sich die eine Hälfte auf uns zu bewegt, die andere von uns weg; die Geschwindigkeit der Rotation nimmt, soweit sich die Messungen nach außen erstrecken lassen, von innen nach außen zu. Wie herum sich die Spiralen drehen, ob wie bei Feuerwerksrädern die Enden der Arme zurückbleiben oder ob sie voraneilen, ist noch immer unentschieden, da wir die Arme nur bei den in Aufsicht erscheinenden Nebeln sehen und die Rotation nur bei den sehr schräg oder kantenweise gesehenen Nebeln messen können. Wenn wir das Rotationsgesetz weiter nach außen verfolgen und für andere Nebel überhaupt aufstellen könnten, wäre es uns möglich, Schlüsse auf die Massenverteilung und aus der Schnelligkeit der Rotation auch auf die Gesamtmasse in einem solchen Sternsystem zu machen. Was wir an Beobachtungen hierüber bis heute besitzen, ist aber noch sehr wenig, und wir können nur vermuten, daß die Gesamtmasse (Sterne und andere Materie) wahrscheinlich zwischen einer Milliarde und hundert Milliarden Sonnenmassen liegt.

Ein merkwürdiger Zusammenhang.

Noch ehe der Spektrograph die Bestimmung der Rotation, also von Verschiedenheiten der Bewegung, zuließ, war natürlich bei einer Reihe von Nebeln die Radialgeschwindigkeit des Kerns, also die Geschwindigkeit des ganzen Nebels, gemessen worden. Die Linienverschiebungen sind hier groß, fast immer viel größer als bei Sternen, aber die Verschwommenheit, Flächenhaftigkeit der Nebel bereitet bei den schwächeren Objekten große Schwierigkeiten, so daß es erst in allerletzter Zeit gelungen ist, die Messungen auf schwache Nebel auszudehnen und die Zahl der bekannten Radialgeschwindigkeiten von einigen Dutzenden auf ein paar Hundert zu vergrößern.

Der Andromedanebel nähert sich uns mit einer Geschwindigkeit von 220 km/Sek., der Triangulumnebel mit 320 km/Sek., ein kleinerer Nebel unserer Gruppe mit 150 km/Sek. Das sind aber auch fast die einzigen negativen Geschwindigkeiten, die vorkommen, und auch sie sind fast ganz die Spiegelung unserer eigenen Bewegung, der Bewegung der Sonne um den Kern der Milchstraße. Alle anderen Nebelgeschwindigkeiten haben sich als positiv ergeben, schon bei

den zuerst allein zugänglichen helleren Nebeln, und sie ergeben sich immer größer, je schwächer und ferner die Nebel
sind. In der Abb. 99 sind die
Nebel, deren Entfernungen mit
Hilfe von Sternen bestimmt
sind und für die auch Radialgeschwindigkeiten gemessen
sind, durch Punkte gekennzeichnet. Von dem Kreuzungs-
punkte der waagerechten und
der senkrechten Nullinie aus
liegen die Punkte um so weiter rechts, je entfernter die
Nebel sind, und um so höher,
je größer positiv die Radialgeschwindigkeiten sind, je
schneller also die Nebel sich von
uns entfernen (die Wirkung der

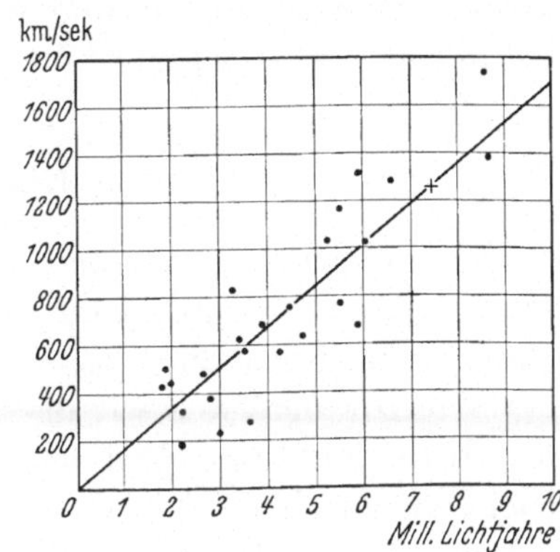

Abb. 99. Der sonderbare Zusammenhang zwischen der Radialgeschwindigkeit und der Entfernung der
Spiralnebel.

Sonnenbewegung ist dabei schon abgezogen). Die Mitglieder
unserer Gruppe, die dicht beim Nullpunkt liegen müßten,
sind nicht eingetragen,
der Virgo-Haufen wird
durch das Kreuz vertre-
ten. Es ist schon hier
nicht zu verkennen, daß
die Radialgeschwindig-
keit mit zunehmender
Entfernung ebenfalls im-
mer größer wird; das
Bestehen einer so merk-
  würdigen Beziehung
wurde aber immer gewis-
ser, in je größere Entfernungen die photometri-
sche und spektrographi-
sche Arbeit vorgetrieben

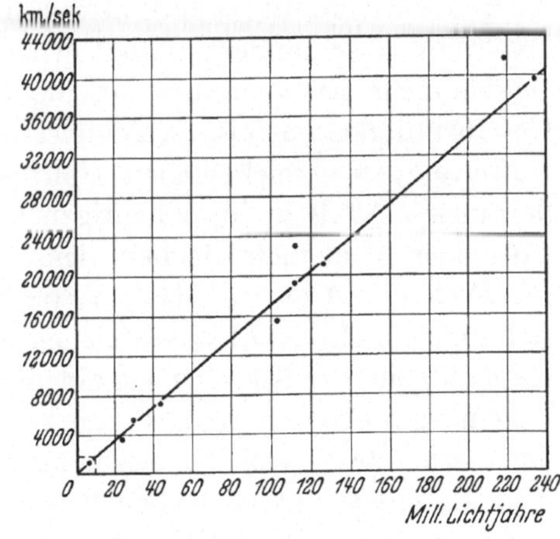

Abb. 100. Eine gerade Linie von großer
Bedeutung.

werden konnte. Besonders zuverlässige Angaben liefern die
Nebelhaufen, da bei ihnen gleich mehrere (5—3o) Geschwindig-

keitswerte für dieselbe Entfernung zur Verfügung stehen. Die Abb. 100 enthält in kleinerem Maßstabe alle bis jetzt vorliegenden Beobachtungen und erweist endgültig die allgemeine Gültigkeit der Beziehung.

Das Rätsel Welt.

Wir müssen nun versuchen, zu begreifen, was dieser Zusammenhang bedeuten kann. Die Beobachtung, daß sich alle anderen Sternsysteme *von uns* entfernen, erweckt zunächst etwas Mißtrauen, weil wir dadurch scheinbar wieder einmal in den Mittelpunkt der Welt versetzt werden. Man kann sich aber leicht klarmachen, daß in einer Welt, deren Teile mit nach außen wachsender Geschwindigkeit auseinanderstreben, von jedem beliebigen Punkte aus dieselbe Beobachtung zu machen ist. Sie besagt aber in jedem Falle, daß wir in einer auseinanderfliegenden Welt leben. Wir könnten uns den gegenwärtigen, beobachteten Zustand dieser Welt durch eine einfache Annahme erklären. Wenn nämlich zu irgendeinem Zeitpunkt der Vergangenheit die gesamte Materie der Welt an einer Stelle vereinigt war und durch eine von innen wirkende Explosion auseinandergetrieben wurde, dann ist es eine selbstverständliche Erscheinung, daß die Teile, die mit den größten Geschwindigkeiten ausgeschleudert wurden, heute die größten Entfernungen erreicht haben. Ganz so einfach dürfen wir uns den unsere Welt in ihrer heutigen Gestalt begründenden Vorgang aber wohl nicht denken, denn wir schreiben damit unserer Welt ein Alter zu, das uns nach unseren sonstigen Vorstellungen nicht recht auszureichen scheint für alles das, was vor sich gehen mußte, bis aus einem Chaos die heutigen Sternsysteme geworden waren. Wenn wir nämlich annehmen, daß die Sternsysteme von der angenommenen Explosion bis heute ihre Geschwindigkeit beibehalten haben, dann können wir leicht ausrechnen, wieviel Jahre sie gebraucht haben, um an ihre heutigen Plätze zu kommen. Es wären einige Milliarden Jahre dazu nötig, und das ist dieselbe Zeit, die wir schon für das Alter unserer Erde in Anspruch nehmen. Man neigt deshalb mehr zu Vorstellungen, die der Weltentwicklung einen

174

etwas weiteren Spielraum lassen, die wohl die heutige Expansion anerkennen, aber die Möglichkeit in sich schließen, daß die Welt sich in der Vergangenheit langsamer ausgedehnt hat, sich vielleicht sogar in großen Zeiträumen abwechselnd zusammenzieht und wieder ausdehnt.

Die Entdeckung der positiven Nebelgeschwindigkeiten hat zweifellos eine ganz außerordentliche Bedeutung für unsere Anschauungen vom Wesen und Werden der Welt. Vor allen weiteren Entscheidungen ist es deshalb wichtig, noch einmal auf die Beobachtungen zurückzugehen und zu prüfen, ob sie wirklich eindeutig und unabweislich die Ausdehnung der Welt der Sternsysteme nachweisen. Die Verschiebungen der Spektrallinien sind da. Sie sind so handgreiflich wie nirgends sonst bei spektrographischen Beobachtungen. Die Verschiebung der gesamten Strahlung nach den größeren Wellenlängen hin wird bei den ferneren Nebeln so groß, daß keine ultraviolette Strahlung mehr übrigbleibt (Abb. 101). Es bleibt daher nur die Frage, ob die Rotverschiebung in diesem Falle eine Folge von Bewegungen ist. Es gibt auch andere Ursachen, die die Wellenlängen des Lichts beeinflussen, z. B. elektrische und magnetische Kräfte, Druck, Schwere, aber bei allen diesen Ursachen können wir uns keine Verhältnisse ausdenken, in denen sie so große Wirkungen ausüben könnten. Im Augenblick haben wir also nur die Wahl, hinter den Rotverschiebungen der Nebel eine uns vorläufig noch unbekannte Ursache zu vermuten oder an die großen Bewegungen zu glauben. Man sucht natürlich auch schon nach einer Möglichkeit, aus den Beobachtungen eine Entscheidung hierüber zu erlangen, doch scheint hierzu eine erhebliche Erweiterung des beobachteten Weltbereiches nötig zu sein.

Bei den Versuchen, unsere Beobachtungen im Bereiche der Sternsysteme zu deuten, dürfen wir auch nicht außer acht lassen, daß wir vielleicht unser an den Erfahrungen der nächsten Umwelt ausgebildetes Denken den Bedingungen dieser erweiterten Welt anpassen müssen. Schon vorhin (S. 174) hätten wir bedenken müssen, daß die Welt in keinem Augenblick so ist, wie sie aussieht, da wir ja z. B. den Andromedanebel in dem Lichte sehen, das er vor 700 000 Jahren aussandte, die

fernsten Nebel jedoch in einem Zustande und an einem Orte,
die der Welt vor 5oo Millionen Jahren angehören. Von besonderer Bedeutung ist dabei, daß die Geschwindigkeiten, die
wir beobachten, immer näher an die Geschwindigkeit des

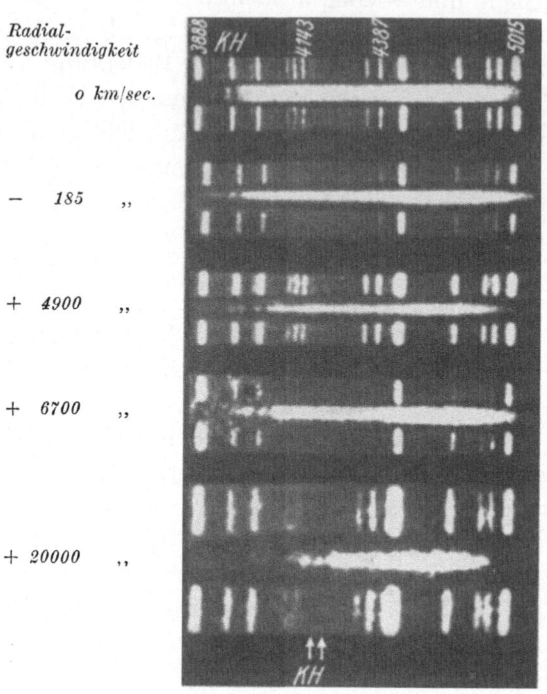

Abb. 101. Die mit der Entfernung zunehmende Verschiebung der Strahlung
im Spektrum der Spiralnebel. Oberstes Spektrum: diffuses Sonnenlicht.
Vergleichsspektren: Helium. KH: die ultravioletten Kalziumlinien.
(Aufnahmen der Mount Wilson-Sternwarte.)

Lichts (3oo ooo km/Sek.) heranrücken, auf dessen Ausbreitung unsere ganze Erkenntnis von Räumen und Zeiten und
Geschwindigkeiten beruht. Die größten bis jetzt gemessenen
Nebelgeschwindigkeiten erreichen schon $1/7$ der Lichtgeschwindigkeit, bei den fernsten und sichtbaren Nebeln haben wir,
wenn die Beziehung zwischen Entfernung und Geschwindigkeit
weiter erhalten bleibt, $1/4$ oder $1/3$ der Lichtgeschwindigkeit
zu erwarten. Die Überlegung, daß wir Bewohner eines Stern-

systems sein könnten, das mit der vollen Lichtgeschwindigkeit durch die Welt schießt, und daß wir dann eigentlich von allem, was hinter uns liegt, überhaupt keine Kunde erhalten könnten, macht uns darauf aufmerksam, daß wir uns der Grenze unserer Erfahrungsmöglichkeiten nähern und unserem „gesunden Menschenverstand‟ und den bewährten physikalischen Schlußweisen nicht mehr blindlings vertrauen dürfen. Die physikalische Forschung ist auf solche Erfahrungsgrenzen auch gestoßen, als sie sich anschickte, in das Innere der Atome, die vordem die Grundbestandteile unserer physikalischen Welt waren, einzudringen. Hier, im Bereich des ganz Kleinen, spielt sich manches ab, was nicht in den Rahmen unserer Denkgewohnheiten paßt. Es ist also durchaus möglich, daß uns im Bereich des ganz Großen ähnliche Erfahrungen bevorstehen.

Es widerspricht der Grundhaltung der Naturforschung, sich mit Unbegreiflichem abzufinden. Sie wird zunächst immer und immer wieder ihre Beobachtungen überprüfen und, wenn diese keine Zweifel mehr zulassen, schließlich dazu schreiten, ihre Grundbegriffe und Grundsätze so abzuändern, daß das bisher als richtig Betrachtete auch weiterhin richtig bleibt, dazu aber das vorher Unbegreifliche verständlich wird und sich in den Rahmen unseres Weltbildes einfügt. Es sind schon mancherlei Versuche gemacht worden, auf diese Weise die Welt des ganz Kleinen mit der des ganz Großen in Verbindung zu setzen; auf welchem Wege wir schließlich zu einem Verständnis der — wie es uns heute scheint — sich auflösenden Welt kommen werden, müssen wir der Zukunft überlassen.

Nachwort.

Wir können uns nicht rühmen, alle Rätsel des Himmels gelöst zu haben. Wir müssen uns sogar eingestehen, daß wir am Ende unserer Bemühungen größeren und tieferen Rätseln gegenüberstehen als im Anfang. Damit erleben wir das Schicksal aller Naturforschung: mit jeder tieferen Einsicht in das

Naturgeschehen auf neue Rätsel zu stoßen, von jedem erklommenen Gipfel in neues, unbekanntes Land zu schauen.

Der Leser eines Berichts über die Ergebnisse naturwissenschaftlicher Forschung neigt dazu, mit Bewunderung und Genugtuung festzustellen, wie herrlich weit der Mensch es auch in dieser Hinsicht gebracht hat. Der Forscher ist bescheidener: Er bewundert die unausschöpfliche Fülle der Natur, die zu ahnen ihm vergönnt gewesen ist. Wir wollen ihm auch hierin folgen!

Sachverzeichnis.

Aberration 32
Absorption des Lichts in Gasen 94;
  im Weltraum 136
Absorptionsspektrum 94
Äquator 17
Algolsterne 71
Alter der Erde 114; der Sonne 113;
  des Sternsystems 152; der Welt
  174
Außergalaktische Nebel 159

Bedeckungsveränderliche 71
Bewegungen der Sonne 39, 122, 154;
  der Sterne 24, 123; im Sternsystem
  152
Blinksterne 66

Chemische Zusammensetzung der
  Sonne 97; der Sterne 105

Deklination 17
Dichte der Materie in den Sternen
  72, 102
Doppelsterne, visuelle 42; photo-
  metrische 71; spektroskopische
  118
Drehung des Sternsystems 153
Druck im Innern der Sterne 100
Dunkle Nebel 138
Durchmesser der Sterne 72, 88; des
  Milchstraßensystems 151

Eigenbewegung 24, 121
Elemente in der Sonne 97
Empfindlichkeit des Auges und der
  photographischen Platte 57
Energie, Ursprung der Strahlungs-
  energie 113
Entfernung der Sterne 29, 69, 111
Expansion des Weltalls 174

Farben der Sterne 55, 76
Farbenindex 78
Fernrohr 3

Gasförmiger Zustand 102
Größe, räumliche 72, 88; (Helligkeit)
  47
Größenklasse 48
Geschwindigkeit der Sonnenbewegung 39, 122, 154; der Stern-
  bewegungen 123, 157

Helligkeit, absolute 69; scheinbare
  45, 56
Hellste Sterne 16, 35, 63, 111
Himmelsäquator 17
Himmelspol 17

Kalziumwolke 146
Komparator 26
Kontinuierliches Spektrum 80
Korona der Sonne 126
Kosmischer Staub 141
Kugelhaufen 143

Leuchtkraft (absolute Helligkeit) 69;
  Leuchtkraft und Masse 104
Lichtelektrische Zelle 52
Lichtjahr 33
Linienspektrum 91

Magellansche Wolken 66, 149, 162,
  168
Masse 44, 72, 120; Masse und Leucht-
  kraft 104
Meridian 17
Meridiankreis 18
Milchstraße 13, 138, 149
Milchstraßensystem 147

Nächste Sterne 34, 129
Namen von Sternen 15
Nebel 14, 138
Nebelhaufen 167
Neue Sterne (Novae) 73, 126, 166

Oberfläche der Sonne 99
Objektiv 4
Objektivprisma 108
Okular 6
Ort am Himmel 15

Parallaxe, photometrische 70; säkulare (fortschreitende) 37; spektroskopische 111; trigonometrische 30
Photometer 50
Photosphäre 98
Plattenmeßapparat 4
Pol 17
Protuberanzen 124

Radialgeschwindigkeit 121; der Spiralnebel 172
Reflektor 8
Refraktor 8
Rektaszension 17
Riesensterne 111
Rotation des Milchstraßensystems 153

Schnelläufer 123, 157
Schwerkraft 100, 152
Sonne, chemische Zusammensetzung 97; Flecke 124; Korona 126; Oberfläche 99; physikalischer Zustand 98; Protuberanzen 124; Spektrum 96; Temperatur 88
Spektralklassen 105
Spektrallinien, helle 91; dunkle 94
Spektraltypen 106; Spektraltypus und Temperatur 109

Spektrograph 90
Spektroskop 92
Spektrum, Absorptionsspektrum 94; Emissionsspektrum 91; kontinuierliches Spektrum 81; Spektrum der Sonne 96
Spiegelteleskop 8
Spiralnebel 15, 159
Staubwolken im Sternsystem 138
Sternbilder 15
Sternhaufen 14, 142, 157
Sternkarten 21
Sternkataloge 21, 64, 108
Sternsystem 138, 147
Sternwolken 138, 148, 158
Sternzählungen 132
Strahlung, Gesamtstrahlung 59; Messung der Strahlung 56; Übersicht über die gesamte Strahlung 82
Strahlungsgesetze 85

Teleskop siehe Fernrohr
Temperatur der Sonne 88; der Sterne 86; Temperatur und Strahlung 84; Temperatur und Spektraltypus 109
Thermoelement 61
Trigonometrische Parallaxen 30

Veränderliche Sterne 64
Verfinsterungsveränderliche 71
Vergrößerung 5

Weiße Zwerge 110
Wellenlänge 83
Weltall 174
Weltmodell 128

Zahl der Sterne im Quadratgrad 133
Zwergsterne 111